지구란 무엇인가?

그 탄생과 구조의 수수께끼를 탐색한다

전파과학사는 독자 여러분의 책에 관한 아이디어와 원고 투고를 기다리고 있습니다. 디아스포라는 전파과학사의 임프린트로 종교(기독교), 경제·경영서, 일반 문학 등 다양한 장르의 국내 저자와 해외 번역서를 준비하고 있습니다. 출간을 고민하고 계신 분들은 이메일 chonpa2@hanmail.net로 간단한 개요와 취지, 연락처 등을 적어 보내주세요.

지구란 무엇인가?
그 탄생과 구조의 수수께끼를 탐색한다

–
초판 1979년 03월 15일
중판 2018년 06월 29일
개정 1쇄 2024년 08월 06일

–
지은이 다케우치 히토시
옮긴이 원종관, 전경숙
발행인 손동민
디자인 오주희

–
펴낸곳 전파과학사
출판등록 1956년 7월 23일 제10-89호
주　　소 서울시 서대문구 증가로18, 204호
전　　화 02-333-8877(8855)
팩　　스 02-334-8092
이메일 chonpa2@hanmail.net
공식 블로그 http://blog.naver.com/siencia

ISBN　978-89-7044-669-1 (03450)

지구란 무엇인가?

그 탄생과 구조의 수수께끼를 탐색한다

다케우치 히토시 지음 | 원종관, 전경숙 옮김

전파과학사

머리말

저자는 1965년부터 1966년까지 캘리포니아 대학의 방문 교수로 버클리에 머물렀다. 학부에서는 〈일본의 지진학〉을, 대학원에서는 〈지구의 진동〉이라는 강의를 진행했다. 버클리는 샌프란시스코 교외에 위치한 멋진 학원도시다. 캘리포니아 남부의 로스앤젤레스와 같이 매연에 고통받는 일 없이, 캘리포니아의 태양과 맛있는 과일, 그리고 학문적 분위기를 즐길 수 있는 도시다.

앞에서 말한 소위 정규 강의 외에 저자는 대학 내에 있는 친목단체인 '알파, 베타, 감마'의 의뢰를 받아 〈버클리 시민을 위한 강의〉를 맡았다. 실은 그 강의를 엮은 책이 『지구란 무엇인가?(What is the Earth?)』이다. 처음 약속은 강의는 한 주에 한 번씩, 모두 3회로 마치는 것이었다. 그러나 강의를 들으러 온 사람들이 대단한 흥미를 보이면서 강의를 거듭해 결국 10회로 늘어났다.

강의를 들으러 온 사람들은 일반 시민으로서 의사, 변호사, 신문기자,

발레리나 등 다양한 직업을 가졌다. 강의가 끝난 후에는 모임에서 10명이 달필로 정성스럽게 써서 제본한 노트를 선물로 받았다. 이것은 정말로 내 마음을 흐뭇하게 해준 선물이었다.

앞서 말한 바와 같이 이 책은 이 강의에서, 아니 이 노트에서 태어난 것이다. 물론 이 노트가 쓰인 후의 학문의 진보에 따른 새로운 사실과 해석은 될 수 있는 한 삽입했다. 그러나 이 책이 원래 열 번의 강의에서 나온 것이라는 그 본래의 특징은 살리도록 노력했다. 실제, 지금 이 교정을 다시 읽어 보니 고생하며 원고를 쓰던 멀리 태평양이 바라보이는 캘리포니아 대학의 연구실이나 내 강당 밑에 딱 달라붙어 내가 강의를 하다가 말이 막히면, 그야말로 '손바닥에 쥐여주듯' 그 말을 가르쳐 주던 몇 분의 열성적인 사람들의 얼굴이 떠올라 그리워진다.

'지구란 무엇인가?'라는 수수께끼는 넓고, 그리고 깊다. 이 수수께끼를 풀려고 이미 나는 몇 분과 공저로 몇 권의 책을 썼다. 특히 도시로(都城秋穂) 씨와 공저인 『지구의 역사』(일본방송출판협회 발행)가 이 책과 가장 가까운 것이라고 생각한다. 그러나 이 책에서는 그러한 책에서 취급하지 않았던 몇 가지 새로운 관점에서 지구를 보았다. 이를테면 운석학(隕石學)과 지구화학 및 행성의 과학이다. 넓고 깊은 지구의 수수께끼를 풀기 위해서는 지구를 여러 각도에서 바라볼 필요가 있다는 것이 나의 견해다. 앞으로도 이러한 생각을 계속 가지고 끊임없이 공부해가려고 생각한다. 이 책은 그를 위한 이른바 이정표(里程標)에 지나지 않는다.

이 책이 완성되는 도중에 전문적인 여러 가지 것을 가르쳐 주신 보르트

교수(지질학, 캘리포니아 대학), 페어프겐 교수(화산학, 캘리포니아 대학), 루베이 교수(해수의 기원, 캘리포니아 대학), 우드 교수(운석학, 시카고 대학)에게 감사드리고 싶다. 또 이 책을 완성하는 데 여러 가지로 수고해 주신 고단샤(講談社) 과학도서출판부의 고에다(小枝一夫), 다카하시(高橋邦夫) 씨, 그리고 내 연구실의 가미야(上谷玲子) 양에게 뜨거운 감사를 드리고 싶다. 지금은 다만 이런 분들의 호의로 태어난 이 책이 훌륭히 그 역할을 다해 줄 것을 바랄 뿐이다.

초가을
다케우치 히토시

차례

제4장 지구의 역사

제5장 하늘과 바다의 성장

제6장 지구에서 행성으로

〈금성〉

제1장

지구를 밝힌다

이 장에서는 지구가 둥글다는 이야기부터 시작해
간략히 지구를 알아보는 학문의 역사에 관해 이야기하도록 하겠다.
지구의 크기나 무게에 관한 이야기에 이어 전 세기 말엽에 행해진
지구의 굳기, 연령의 계산에 관한 것이다.
세기가 바뀔 무렵, 지진학(地震學)이란 학문이 싹트고,
이것이 지구의 내부에 관한 풍부한 지식을 안겨줬다.
지진의 본성에 관한 학문도 눈부신 발전을 했다.
마찬가지로 세기가 바뀔 무렵에 일어난 원자물리학의 혁명이
금세기에 들어와서는 지구과학에도 중대한 영향을 미치게 됐다.
방사성원소(放射性元素)가 방출하는 열이 지구의 역사와 활동에
큰 역할을 하고 있음이 분명해졌다.
또 방사성원소의 붕괴를 시계 대신에 사용해서 지층(地層)이나
지구의 연령을 계산할 수 있다.

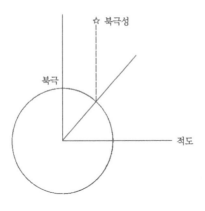

〈그림 1〉지구의 크기를 측정하는 방법

둥근 지구

지구가 구형(球形)이라고 하는 것은 피타고라스학파(學派)의 사람들에 의해 B.C 400년경 이미 알려져 있었다. 그 후 B.C 200년경, 이집트의 에라토스테네스는 지구를 구형이라고 생각해 그 크기를 계산했다. 지구의 크기를 측정하는 데 에라토스테네스가 사용한 방법은 그 원리가 현재 사용되고 있는 방법과 꼭 같다. 즉, 원호와 그 중심각의 비례관계를 이용하는 방법이다. 중심각을 측정하는 데는 동일 경도상에 위도가 다른 두 점을 선택해 이 두 점에서 하나의 별, 이를테면 북극성을 바라본다. 그리고 이 별이 머리 위에서 밑으로 어느 만큼의 각도에 보이는가를 측정한다.

북극성은 북극에서는 머리 위에서 보이나, 적도에서는 지평선에 닿을 듯이 보인다. 따라서 북극성에 대한, 위에서 얘기한 각도는 극에서는 0°, 적도에서는 90°로 된다. 이와 같은 각도의 차가 두 점 간의 위도의 차(중심각)라는 것은 곧 알 수 있을 것이다. 이와 같은 각도를 측정하는 한편 이 두 점 간의 거리(원호의 길이)를 측정한다. 그다음에는 단지 비례관계를 이용하기만 하면 지구의 모든 둘레를 계산할 수가 있다.

이와 같이 정해진 지구의 전주(全周)의 길이는 4만km이다. 4만km라고 묘하게 딱 떨어진 숫자가 됐다고 이상하게 생각할지 모르지만 그것에는 이유가 있다. 1은 1km의 1,000분의 1이다. 실은 그 1km가 지구의 전 둘레의 4만 분의 1로서 정의됐다고 하는 역사적 사정이 있는 것이다.

일그러진 지구

문제의 두 점 간의 거리를 측정하는 데는 삼각측량(三角測量) 방법이 이용된다. 이러한 측량을 하고 있던 중에 1700년대에 들어와서는 더욱 자세한 것을 알게 된다. 즉, 위도 1°에 대한 호의 길이(거리)가 장소에 따라 다르고, 극에 가까운 곳일수록 그 길이가 길어진다는 것을 알았다. 이것은 바로 그 무렵에 나온 뉴턴의 역학에 강력한 뒷받침이 됐다.

뉴턴의 역학에 입각해 계산하면 지구와 같이 자체의 인력이 있는 물체가 어느 축의 둘레에서 자전할 때, 그 모양은 구형일 수 없다. 구형을 조금 눌러 일그러뜨린 회전타원체(回轉楕圓體) 모양이다. 지구의 경우는 남북 방향으로 조금 일그러진 오렌지 모양이 될 것이다. 이와 같은 모양이 되면 위도 1°에 대한 길이가 극에 가까워지면 질수록 길어지는 것이다. 이것은 측량으로 얻어진 결과와 틀림없이 일치하고 있다.

지구가 오렌지 형을 하고 있다고는 해도 그 일그러진 모양은 그처럼 극단적인 것은 아니다. 지구의 경우에는 예를 들어 극 부분을 통과하는 반경(극반경)을 1로 할 경우 적도 부분에서의 반경(적도반경)이 1보다 300분의 1 정도 클 정도다. 이 300분의 1에 해당하는 값을 **편평률**(扁平率)이라 한다.

최근에는 인공위성을 이용해 지구의 모양을 더욱 정밀하게 측정할 수 있다. 그 결과에 의하면 지구의 편평률은 298.25분의 1이다. 지구의 전 둘레 4만km에서 계산하면 그 반경은 6,371km다. 적도반경과 극반경의 차는 이 6,371km의 약 300분의 1, 즉 20km 정도다.

서양 배 모양의 일그러짐

인공위성을 이용해서 지구의 모양을 정밀하게 측정할 수 있는 것에 대해서는 앞에서 이야기했다. 이와 같은 연구로 지구는 구형에서 벗어난 오렌지 형으로 일그러진 것 외에 진폭(振幅) 십 수m 정도의 서양 배 모양으로 일그러져 있는 것을 알았다. 서양 배 모양의 일그러짐을 과장해 말하면 북극 부분이 뾰족하고 남극 부분이 편평한 모양이다.

오해가 없도록 여기서 덧붙일 것은 지구의 모양이 서양 배 모양이라는 것을 너무 과장해 생각하지 말라는 것이다. 사실을 말하자면 지구의 모양은 누가 보아도 완전히 둥글다. 상당히 눈이 좋은 사람이 보아 비로소 그것이 오렌지 모양이라고 하는 것을 알 정도다. 그러한 사람이라도 서양 배 모양으로 일그러졌다고는 느끼지 못할 것이다.

이러한 분야에서의 과학의 진보는 전 시대에 얻은 성과에 더욱 자세한 보탬을 준 것이다. 전 시대에 얻은 성과를 근본적으로 뒤엎는 것은 아니다.

지구의 질량

이렇게 지구의 모양과 크기가 결정된 후, 지구의 무게, 즉 질량(質量)이 정해진다. 지구의 전 질량(全質量)은 6.0×10^{27}g이다. 이것은 6t의 100만 배의 100만 배의 10억 배라는 무게다. 그러나 이러한 무게란 놀랄 만한 것은 아니다. 지구의 몸체는 꽤 크기 때문에 그 무게가 이 정도라도 아무것도 이상한 것이 없다.

실제로 얻어진 전 질량을 부피로 나눠 지구의 평균 비중을 구하면 5.5 정도다. 이것은 암석의 비중 2.7~3.0에 비하면 크지만, 철의 비중 7.8에 비하면 작다. 그러므로 지구가 특히 무거운 물질로 돼 있는 것은 아니다.

지구를 얹은 저울

문제는 이와 같이 큰 지구의 질량을 어떻게 측정하는가 하는 것이다. 보통 질량은 천칭을 이용해 측정한다. 그러나 지구를 얹을 만큼 큰 천칭은 만들 수 없다. 지구의 질량을 측정하는 데는 만유인력(萬有引力) 법칙이 이용된다.

만유인력 법칙이란 물체는 그 질량에 비례하는 인력으로 다른 물체를 끌어당긴다고 하는 법칙이다.

이 법칙을 이용해 지구의 질량을 측정하기 위해서는 지구 표면에 놓인, 예를 들어 무게 1g의 물체에 작용하는 지구의 인력과 미리 준비한 질량, 예를 들어 포탄의 인력을 비교해야만 한다.

이때 지구의 인력이 포탄의 인력의 n배라고 하면, 지구의 질량은 포탄

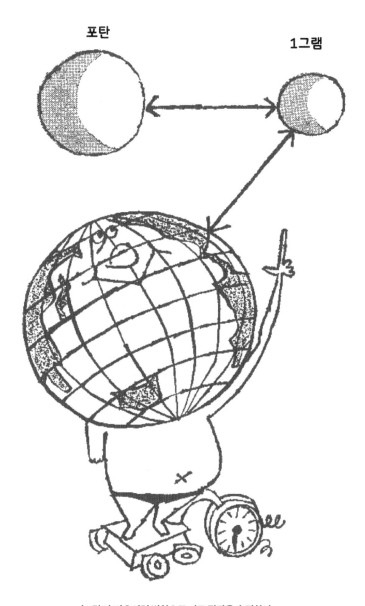

〈그림 2〉 만유인력 법칙으로 지구 질량을 측정한다

의 질량의 n배가 되는 것이다. 그러나 이런 생각에 따라서 실험을 하는 것은 매우 어렵다. 왜냐하면 1g의 물체에 작용하는 포탄의 인력이 대단히 작기 때문에 아주 정밀한 방법을 사용해야 하기 때문이다.

그러나 1798년 캐번디시가 그와 같은 방법을 고안해 앞에서 얘기한 것 같은 지구의 질량을 얻을 수 있었다. 지구의 질량이라고 하나 턱도 없이 큰 양을 측정하는 데 이처럼 매우 정밀한 방법이 필요한 것은 흥미 있는 일이다. 크기 때문에 정밀하지 않다고 생각하는 것은 말도 안되는 것이다.

지구 내부에는 무거운 물체가 있다

에라토스테네스가 지구를 구(球)라 생각하고 그 크기를 계산한 것은 B.C 200년이었고, 또 클레로가 뉴턴역학에 바탕을 두고 지구의 모양에 관한 유명한 발표를 한 것은 1743년의 일이었다. 또 캐번디시가 앞에서 설명한 방법을 이용해 지구의 전 질량을 계산하는 것은 1789년의 일이었다.

이 전 질량으로 지구의 평균 비중을 구해 보면 앞에서도 말한 바와 같이 5.5다. 이것은 지구 표면에 있는 암석의 비중 2.7~3.0에 비하면 대단히 크다. 이것으로 지구의 내부에는 지구 표면에서 볼 수 있는 암석보다도 훨씬 비중이 큰 물질이 있다는 것을 상상할 수 있다. 이렇게 우리의 눈은 지구의 내부를 눈여겨보게 되는 것이다.

지구에 구멍을 판다

지구의 내부를 조사하는 데 원리적으로 가장 간단한 방법은 지구에 깊은 구멍을 뚫는 일이다. 그러나 이 작업은 말은 쉽지만 어려운 일이다. 지금까지 뚫은 가장 깊은 구멍도 깊이 10km 정도밖에 안 된다. 이것은 지구 반경의 60분의 1에 지나지 않는다. 우리는 사과 껍질을 바늘로 찌른 정도밖에 뚫지 못했다.

이와 같이 지구 표면의 극히 얇은 부분의 연구로 함부로 지구 내부의 일을 상상하면 때때로 뜻밖의 과오를 범한다.

예를 들면 이러한 이야기가 있다. 구멍을 파서 깊은 곳으로 들어가면 들어갈수록 온도가 높아진다. 온도가 높아지는 비율은 100m마다 약 3℃다. 이와 같은 상태로 지구 내부로 갈수록 온도가 높아진다고 하면 100km 깊이에서의 온도는 3,000℃, 지구의 중심에서의 온도는 20만℃다.

지구 내부의 온도에 관해서는 현재에도 그다지 알려져 있는 셈은 아니다. 그러나 어떠한 측정 방법으로도 지구 중심에서의 온도는 5,000℃ 정도다. 표면 가까이에서 어처구니없이 내부의 일을 상상한다는 것이 얼마나 위험한지 이것이 잘 말해주고 있다.

지구는 강철과 같이 단단하다

지구 내부에 관한 연구가 일제히 꽃을 피우기 시작한 것은 20세기에 들어서다. 그보다 앞서 19세기에는 이와 같은 꽃을 피게 하기 위한 풍부한 연구가 행해졌다. 1830년대에는 유명한 수학자 프리드리히 가우스가 지구의 자기장(磁氣場)에 관한 연구를 했다. 또 1800년대 중기에는 후에 지진학(地震學)과 지구 내부구조론(地球內部構造論)의 기초가 된 탄성체(彈性體)

역학의 연구가 활발히 진행됐다.

탄성체란 외부에서 힘을 가하면 그에 따라 변형되지만 힘을 제거하면 변형이 원래대로 돌아오는 것과 같은 물체를 말한다. 예를 들면 용수철저울의 용수철 등은 좋은 예다. 이와 같은 탄성체 역학의 연구가 이룩한 하나의 성과는 1875년 발표된 켈빈 경(卿)의 지구의 굳기에 관한 연구다.

켈빈 경의 연구가 나오기 전까지 지구는 전체적으로 대단히 부드러운 것으로 생각됐다. 지구의 표면은 단단한 암석으로 돼 있다. 그러나 이것은 소위 지구의 얇은 피각(皮殼)이고, 이 얇은 피각 밑에 끈적끈적하게 용융된 용암(熔巖)을 보면, 이와 같이 생각하는 것도 무리는 아니다. 어쨌든 이와 같은 구조를 갖는 지구 전체의 굳기는 액체에 가깝고, 대단히 부드러울 것이다. 그러나 켈빈이 얻은 결과는 이 예상과는 전혀 반대였다. 켈빈은 지구 전체의 굳기는 강철 정도라는 것을 알아냈다.

지구의 굳기를 지구 조석으로 측정한다

지구의 굳기를 측정하는 데 켈빈이 이용한 방법은 다음과 같은 것이다. 달이 바닷물에 미치는 인력에 의한 밀물과 썰물, 즉 조석(潮汐)이 일어나는 것은 잘 알려져 있다. 켈빈은 이와 같은 달의 인력이 단단한 지구에 작용해 그것을 변형시킬 것이라고 생각했다. 이것은 단단한 지구의 조석으로, 그 후 **지구 조석**(地球潮汐)이라 불리게 됐다.

말할 것도 없이 우리가 관측하는 바닷물의 조석은 단단한 지구에 대한 바닷물의 상대적(相對的) 운동이다. 여기서 만약 단단한 지구가 바닷물과 같이 변형한다고 하면 단단한 지구에 대한 바닷물의 상대적 운동은 없고, 따라서 바닷물의 조석도 없을 것이다. 그것은 바로 바다 한가운데 떠 있는 보트에 탄 사람이 바닷물의 조석을 느낄 수 없는 것과 같다.

그런데 지구가 바닷물과 같이 변형한다고 하는 것은, 실은 단단하다고 하는 지구가 완전히 부드럽다고 하는 것이 된다. 즉 지구가 만약 완전히 물렁하다면 바닷물의 조석이 없는 것이 된다. 그러나 실제는 바닷물의 조석이 관측되고 있기 때문에, 바닷물의 조석을 관측하면 단단한 지구의 굳기를 알 수 있다. 이와 같은 방법을 사용해서 켈빈은 지구의 평균 굳기는 강철과 같은 정도라고 결론지은 것이다.

지구의 연령을 추정한다

켈빈이 얻은 이 결론은 당시의 사람들을 매우 놀라게 했다. 이 놀라움을 추적하듯이 켈빈은 이어 또 한 편의 논문을 발표했다. 이것은 지구의 연령 추정에 관한 논문이다. 그의 추정은 다음과 같이 이루어졌다. 그 무렵, 지구는 고온(高溫)의 가스 구(球)가 식은 것이라고 여겨지고 있었다. 이와 같은 가스 구는 식어서 액체가 되고, 이윽고 고체가 된다.

액체에서 고체로 변하는 최저 온도(最低溫度), 즉 액체와 고체가 공존하는 온도를 **녹는점**이라 한다. 켈빈은 지구가 중심부까지 표면에서 보통 볼 수 있는 암석으로 돼 있다고 생각하고, 이와 같은 고체인 암석이 각 깊이에 따라 녹는점에서 출발해 냉각돼 현재의 상태까지 이르는 데 어느 정도의 시간이 걸렸는가 하는 것을 계산했다. 여기서 말한 각 깊이에 대한 녹는점이란 다음과 같은 의미다. 물질의 녹는점은 압력을 가할수록 높아진다. 그만큼 녹기 어렵게 되는 것이다. 지구 내부의 물질은 그 위에 얹혀 있는 물체의 무게 때문에 높은 압력을 받고 있다. 따라서 그 녹는점도 그만큼 높아져 있을 것이다.

앞에서도 말한 바와 같이 지구 표면 근처에서는 100m 마다 3℃ 정도씩 깊이에 따라 온도가 증가하고 있다. 켈빈의 계산에서는 지구 표면 근처의 온도가 이와 같은 분포가 되기까지 어느 정도의 시간이 경과했는지 계산됐다. 이와 같이 켈빈이 얻은 지구의 연령은 3천만 년 정도였다. 이 연령은 당시의 지질학자(地質学者)들에게도 좀 적은 편이라는 인상을 주었다.

실은 켈빈의 이 계산에서는 지구 내부에는 지구를 덥히는 열원(熱源)이 없다고 생각하고 있었다. 당시에 켈빈은 방사성물질(放射性物質)의 존재를 알지 못하고 있었다. 그러므로 이와 같은 가정은 당연한 것이었다.

원자물리학과 지구과학

19세기에서 20세기로 접어들 무렵 물리학의 발견이 줄을 이었다. 이들의 발견은 물리학에 혁명을 초래했을 뿐만 아니라 지구과학에도 큰 영향을 미쳤다. 우선 1895년 뢴트겐이 진공방전(眞空放電) 연구에서 X선을 발견하고, 그다음 해인 1896년 베크렐이 우라늄의 방사능을 발견했다. 더욱이 1898년에는 퀴리 부부가 라듐을 발견했다. 20세기에 들어와서 1903년 러더퍼드가 원자붕괴(原子崩壊)에 관한 이론을 발표하고, 1911년 마찬가지로 러더퍼드가 그의 이름을 붙인 원자 모형을 제창했다.

지구과학에 있어서 방사성원소는 이중의 중요성을 갖고 있다. 첫째로 방사성원소는 그것이 붕괴할 때 열을 내는데, 이 열이 지구의 열적 역사(熱的 歷史)에 중요한 의미를 갖는다. 또 하나는 방사성물질은 시간이 흐름에 따라 어느 독특한 방법으로 붕괴한다. 즉 반감기(半減期)라 불리는 것인데, 어느 시간이 지날 때마다 처음에 있던 방사성원자가 반이 돼, 그것과 같은 수의 '새끼원자'가 나타난다. 예를 들면 라듐의 반감기는 4600만 년이다. 방사성원소가 이와 같은 붕괴를 하는 것을 거꾸로 이용하면 그것으로부터 지구 역사에 관한 연대를 측정할 수가 있는 것이다.

방사성물질이 내는 열이 지구의 역사에 큰 영향을 끼친다는 것을 지적한 선각자 중의 한 사람으로 영국의 졸리가 있다. 이미 1909년 그는 그의 저서『방사능과 지질학』에서 방사능에 의한 발열이 켈빈의 지구연령 추정을 크게 변화시킬 것이라고 말하고 있다. 또한 방사능에 의한 열이 조산운동(造山運動)의 에너지를 공급하고 있는 것을 최초로 지적한 것도 졸리였다. 그의 이러한 견해는 1925년 출판된 저서『지구 표면의 역사』로 집대성했다.

방사성원소에 의한 연대측정

방사성원소에 의한 연대측정 중, 역사적으로 가장 먼저 이용된 것은 우라늄-헬륨법이다. 우라늄은 붕괴할 때 헬륨을 방출한다. 따라서 오래된 암석일수록 헬륨이 많고 우라늄이 적을 것이다. 이것을 이용해서 암석의 연령을 측정하는 것이다. 1910년대부터 20년에 걸쳐 행해진 우라늄-헬륨법에 의한 연대측정에서는 종종 수억이라는 수치가 얻어졌다. 이것은 켈빈이 측정한 지구의 연령과는 비교도 안 되는 큰 수치다. 이 차이를 둘러싸고 당연히 격렬한 논쟁이 벌어졌다. 이 논쟁에 있어서 시종 방사능에 의한 연대측정 쪽을 계속 지지하는 적지 않은 지질학자 중에 앞에서 서술한 졸리가 있다. 또 한 사람의 선구자는 에딘버러 대학의 아더 홈즈다. 그의 저서 『지구의 연령』은 1927년 출판됐는데, 이것은 방사능에 의한 연대측정에 관한 선구적인 저술이다.

방사능에 의한 연대측정을 정밀하게 하는 데는, 동위원소(同位元素)를 가려내는 질량분석기(質量分析器)가 필요하다. 동위원소란 화학적 성질은 같으나 질량이 다른 원소다. 그리고 이러한 동위원소를 그 질량의 차를 이용해 가려내는 것이 질량분석기다. 정밀도가 높은 질량분석기가 만들어진 1940년대 초부터, 우선 우라늄-납법을 연대측정에 이용하게 됐다. 이에 이어 1950년경부터는 칼륨-아르곤법과 루비듐-스트론튬법을 이용하게 됐다.

이 방법들은 모두 몇 억 년이라는 긴 연대측정에 유효한 방법이다. 이에 대해 몇 천 년이라는 비교적 짧은 연대측정에는 탄소14(^{14}C)법이 이용된다. 미국의 리비에가 이 ^{14}C법이 개발한 것은 1951년의 일이다.

상상보다 긴 지구의 역사

이와 같은 방사능을 이용한 연대측정으로 몇 가지 중요한 사실을 알아냈다. 첫째로 지구의 역사가 지금까지 상상해 온 것보다 훨씬 긴 것을 알았다. 앞에서도 말한 바와 같이 켈빈은 지구의 연령을 약 3000만 년이라고 추정하고 있었다. 그러나 현재 지구상에서 가장 오랜 암석은 약 35억 년 전의 것이라고 밝혀졌다. 지구의 연령은 이 35억 년보다도 10억 년이 긴 45억 년이라는 것도 알고 있다. 이와 같은 지구의 연령의 추정은 1956년 미국의 패터슨 등이 행한 것이다.

둘째로 각각의 지질연대의 길이와 오래된 정도도 알았다. 화석이 발견되는 모든 지질연대는 오랜 것부터 고생대(古生代), 중생대(中生代), 신생대(新生代)로 나뉜다. 방사능원소를 이용한 연대측정으로, 이 중 고생대의 시작이 지금부터 6억 년 전, 중생대의 시작이 2억 2000만 년 전, 신생대의 시작이 7000만 년 전인 것을 알았다. 이보다 이전 시대는 일괄해서 선(先)캄브리아 시대라 부르고 있다. 선캄브리아 지층 중에는 뚜렷한 화석이 발견되지 않고 있다(미화석이라 불리는 원시생물인 듯한 화석은 발견되고 있다). 이와 같은 지층의 연대측정은 이제까지는 절대 불가능한 일이었다. 그러나 방사능을 이용한 연대측정으로 오늘날에는 캄브리아 시대의 연대측정도 훌륭히 행해지고 있다.

지진파

지구의 깊숙한 내부를 아는 데 제일 도움이 되는 것이 지진이다. 큰 재해를 가져오는, 아무런 도움이 될 것 같지도 않은 지진에도 이런 이용 방법이 있는 것이다. 지진을 이용해 지구의 내부를 아는 방법은, 수박을 두들겨서 이것이 익었는가 하는 것을 그 소리를 듣고 아는 과일장수와 타진(打診)해서 환자의 몸의 상태를 아는 의사의 방법과 같다.

이 경우 지진은 두드리거나 치는 역할을 해 준다. 이에 대해 앞에서 말한 지구 조석을 이용해서 지구의 굳기를 아는 방법은 이른바 지구를 누르거나, 당겨 그 굳기를 조사하는 것이 된다.

지진에 관한 최초의, 그리고 가장 기본적인 발견은 지진으로 일어난 진동이 파(波)로 전달된다고 하는 발견이다.

예를 들면 도쿄(東京)에서 지진이 일어나면 지진파는 약 10분 후에는 호놀룰루에, 그리고 22분 후에는 지구의 중심을 사이에 두고 도쿄와 바로 맞은편에 있는 남아메리카의 아르헨티나까지 도달한다.

지진으로 일어난 진동이 파로 먼 곳에 전달되는 것을 최초로 분명히 밝힌 것은 독일의 루보일 H. 파시비츠다. 그는 경사계(傾斜計: 비행 중 항공기 자체의 경사를 기록하기 위한 기계)를 이용해서 먼저 말한 지구 조석을 측정했다. 달과 태양의 인력으로 지구가 변형하면 어느 한 점에서 지표면의 경사는 시시각각 변화한다. 이 경사 변화를 관측하면 결국, 지구 조석을 관측한 것이 되고 이것으로 지구의 굳기를 알 수 있는 것이다.

일본의 지진을 독일에서 기록

루보일 H. 파시비츠는 독일의 포츠담과 그 밖의 지역에 설치한 경사계를 이용해 관측을 하고 있었다. 그 경사계에 1889년 일본의 구마모토에서 일어난 지진이 기록된 것이다. 즉, 일본에서 일어난 지진이 독일에 설치된 기계상에 기록된 것이다. 이 결과에 자극을 받아 세계 각지에 지진관측소(地震觀測所)가 설치됐다. 그리고 1901년 만국지진협회(萬國地震協會)가 창설돼 지진 관측의 국제적 협력이 이뤄졌다.

19세기 중엽 탄성체의 역학에 관한 연구로 탄성체 내부를 통과하는 파에는 종파(縱波)와 횡파(橫波)가 있다는 것이 증명됐다. 또 1885년 영국의 레일리가 지구 표면을 따라 통과하는 레일리파의 존재를 이론적으로 증명했다. 그리고 1911년 같은 영국의 러브가 러브파(波)라는 표면파의 존재를 이론적으로 증명했다. 이윽고 종파, 횡파, 표면파에 해당하는 파가 지진계에 기록되는 것을 알았다.

앞에서 서술한 도쿄에서 발생한 지진파의 도달 시각은 이 파들 중에서 최초로 오는 종파에 의한 것이다. 어쨌든 이와 같은 관측으로 지구가 탄성체와 같은 운동을 하는 것을 알았다. 또 지진파를 이용해서 지구 내부를 연구할 수 있는 것도 명백해졌다.

주시곡선

많은 지진은 지구 표면 근처에서 일어난다. 그러나 그중에는 700km나 되는 매우 깊은 곳에서 일어나는 지진도 있다. 지진이 일어난 점은 **진원**(震源), 진원의 바로 위 지구 표면상의 점을 **진앙**(震央)이라 한다. 〈그림 3〉은 횡축에 지진을 관측한 관측점의 진앙으로부터의 거리, 종축에 지진파가 진원을 출발해서 그 관측점에 도달할 때까지의 경과 시간을 도식한 것이다.

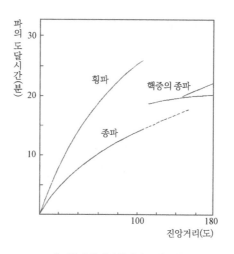

<그림 3> 종파와 횡파의 주시곡선

즉 지진파를 경부선의 새마을호로 생각했을 때 그 새마을호의 진행다이어그램과 같은 그림이다. 지진의 경우 이와 같은 그림을 주시곡선(走時曲線)이라 부른다.

〈그림 3〉에는 종파와 횡파의 주시곡선을 나타냈다. 단 횡축은 진앙으로부터의 거리를 각도로 표시했다. 이 각도는 지구 중심과 진앙 및 관측점을 연결한 부채 모양의 중심각을 나타내고 있다. 따라서 진앙거리 180°는 지구 중심을 사이에 두고 마주보는 지구 저쪽 점을 표시한다.

〈그림 3〉의 주시곡선을 보면 곧 몇 가지 떠오르는 것이 있다. 첫째는 종파, 횡파가 지구 내부를 통과해온 파라는 것이다. 만약 종파와 횡파가 지구 표면을 따라 전달돼 온 파라고 하면 주시곡선은 직선이 될 것이다. 그런데 실제로는 종파나 횡파가 그러한 직선에서 상상할 수 있는 것보다도

훨씬 빠른 속도로 관측점에 도달하고 있다. 이것은 종파와 횡파가 지구 내부를 통과했으며, 또 지구 표면으로부터의 깊이와 더불어 속도가 증가한다는 것을 말해 준다. 즉 진앙으로부터 멀리 떨어진 관측점에 도달한 파는 그만큼 지구 내부의 보다 깊은 부분을 통과했으며, 따라서 그 평균 속도가 커져 있는 것이다.

또 한 가지 알 수 있는 것은 진앙거리 103° 부근에서 종파와 횡파가 보이지 않는다는 것이다. 단 종파는 진앙거리 142° 부근에서 또다시 나타난다.

양파 같은 지구

이와 같은 주시곡선으로 지구의 내부구조를 조사하는 일반적 방법이 1906년부터 7년에 걸쳐 독일의 비헤르트와 헬그로츠가 고안했다. 이 방법에서 지구는 양파 같은 구조를 하고 있다고 생각한다. 이 경우 양파 한 장 한 장의 얇은 껍질에 해당하는 지구의 부분은 지구 중심에서 같은 거리에 있다. 또는 지구 표면에서 같은 깊이에 있다고 해도 좋다. 그래서 앞에서 말한 비헤르트와 헬그로츠의 방법에서는 지표면으로부터 같은 깊이에 있는 곳은 종파와 횡파의 속도, 압력, 온도 등이 같다고 생각한다. 즉, 아시아 대륙 밑에서도 태평양 밑에서도 같은 깊이만큼 들어가면 압력, 온도 등이 같다고 생각한다. 이것을 바꿔 말하면 지구 내부의 온도, 압력 등이 지구 중심으로부터의 거리 또는 표면으로부터의 깊이의 함수라고 생각할 수 있는 것이다.

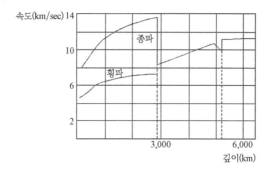

〈그림 4〉지구 내부의 종파, 횡파의 속도

이와 같이 지진파의 주시곡선에서 지구 내부의 각 깊이에 있어서 종
파, 횡파의 속도를 구하는 문제가 해결된 것이다. 이 문제는 예를 들면 새
마을호의 진행다이어그램에서 새마을호의 대전-대구 간의 진행 속도를
구하는 것과 같다. 수학적으로는 적분방정식이다. 비헤르트와 헬그로츠
는 이 적분방정식을 푸는 방법을 고안한 것이다. 그들의 방법을 사용한 지
구 내부의 각 깊이에서의 종파와 횡파의 속도를 〈그림 4〉에 나타내었다.

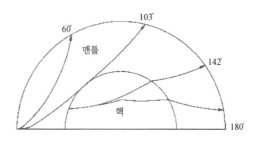

〈그림 5〉핵에 의한 종파의 굴절

끈적끈적하게 녹은 핵

앞에서도 말한 바와 같이 지진파인 종파와 횡파는 진앙거리 103° 근처에서는 보이지 않는다. 그리고 종파만이 진앙거리 142° 근처에서 또 한 번 나타난다.

이런 일이 일어나는 것은 지구 구조가 지구 내부의 어느 깊이에서부터 갑자기 변하고 있기 때문이라고 생각된다. 여러 가지 연구 결과 지구 내부 2,900km보다 깊은 곳에 **핵**(核)이라는 부분이 있는 것을 알았다(그림 5).

먼저도 서술한 바와 같이 이 진앙거리부터 갑자기 횡파가 나타나지 않는다. 이것은 핵이 횡파를 통과시키지 않는다는 것으로 설명할 수 있다. 대체로 횡파는 액체의 내부를 통과할 수 없다. 이것으로 핵이 액체라고 생각하게 됐다.

종파는 액체도 통과할 수 있다. 그러면 왜 종파가 진앙거리 103° 근처에서 갑자기 나타나지 않는 것일까? 이것은 핵이 종파에 대한 일종의 렌즈 역할을 하고 있기 때문이라고 생각한다. 이 렌즈 작용 때문에 종파가 굴절해 진앙거리 103°에서 142°에 걸쳐 종파가 오지 않는 그림자 대(shadow zone)가 생기는 것이다. 그림자 대의 존재로부터 1913년 핵의 크기를 명확히 결정한 것은 비헤르트의 제자인 구텐베르크다. 비헤르트 자신은 1800년대 말경부터 핵의 존재를 추정하고 있었다. 구텐베르크는 스승의 이 추정이 옳다는 것을 증명한 것이다.

구텐베르크는 1899년 독일에서 태어나, 괴팅겐 대학에서 교육을 받았다. 당시 괴팅겐 대학에서는 비헤르트의 지도하에 새로운 학문인 지구물리학이 한창이었다. 그러나 유태인인 구텐베르크는 살기 어려워진 독일을 빠져나와 1930년 미국의 캘리포니아 공과대학으로 옮겼다. 그 후 그곳의 지진연구소장을 역임하고 1960년 사망했다. 그는 위대한 지진학자였다.

지구의 얇은 껍질

지금까지 말한 것은 먼 지진의 주시곡선에서 지구의 깊은 내부구조를 알아내는 이야기였다. 이와는 반대로 가까운 지진의 주시곡선에서 지구 표면 근처의 얇은 부분의 구조를 결정하는 연구가 1909년에 시작됐다. 이 해에 유고슬라비아의 지진학자인 모호로비치치가 가까운 지진의 주시곡선에 특징적인 굴절이 있는 것을 발견했다. 그와 같은 굴절은 진앙거리 100~200km 사이에서 일어나고 있다.

이것은 지구 표면에 두께 수십km의 표층(表層)이 있고, 이 표층 밑에서 지진파의 속도가 급속히 커지고 있기 때문에 일어난다. 이 표층은 그 후 **지각**(地殼)이라 불리게 됐다. 또 지각의 바로 아래부터 핵의 표면 부분까지는 그 후 **맨틀**이라 불리게 됐다. 더욱이 지각과 맨틀 사이의 불연속면은 모호로비치치에 연유해서 **모호로비치치 불연속면**, 또는 모호면(面)이라 한다.

이와 같이 지구가 지각, 맨틀, 핵의 세 부분으로 구성돼 있는 것을 알았다. 지구는 흔히 달걀에 비교한다. 이 경우 달걀 껍질에 해당하는 부분이 지각이고, 흰자위에 해당하는 부분이 맨틀, 노른자위에 해당하는 부분이 핵이다.

핵에 관해서는 그 후 1936년 덴마크의 지진학자인 레만이 내핵(內核)의 존재를 발견했다. 내핵의 반경은 약 1,300km이고 고체라 여겨지고 있다. 만약에 이 상상이 맞는다고 하면 지구는 고체(지각과 맨틀)와 고체(내핵) 사이에 샌드위치처럼 끼어 있는 액체(외핵)를 가지고 있는 것이 된다.

중력에 의한 조사

실은 지각의 존재는 1909년 이전에 다른 분야의 연구에서 이미 추정되고 있었다. 그 연구는 지구 중력에 관한 연구다. 지구 중력은 장소에 따라 다른 값을 나타낸다. 이는 지구가 구형(球形)에서 조금 벗어난 모양을 하고 있기 때문이며, 또 자전을 하고 있기 때문이기도 하다. 또한 중력을 측정하는 장소의 높이가 다르기 때문이기도 하다.

그러나 이와 같은 소위 계통적인 차이는 계산을 이용해 보정할 수 있다. 이와 같은 보정을 해도 역시 중력의 값은 곳에 따라 다르다. 이와 같은 중력의 이상은 지구 표면 근처에 평균보다 무거운 물질과 가벼운 물질이 있기 때문에 발생한다. 이 원리를 이용한 중력이상(重力異常)의 측정을 통해 지하자원을 찾는 것도 실제로 행해지고 있다.

중력의 측정은 진자(振子)를 이용한다. 중력이 큰 곳에서는 진자가 빨리 흔들리는 원리를 이용한 것이다. 이런 진자를 이용해서, 예를 들면 에베레스트산 근처에서 중력을 측정한다. 그리고 앞서 말한 바와 같은 보정을 한 중력이상을 구한다. 에베레스트산은 큰 암괴(岩塊)이며, 이 큰 암괴의 인력 때문에 이 부근의 중력은 다른 지역에 비해 높을 것이다.

즉 중력이상은 큰 (+)의 값을 나타낼 것이다. 그런데 실제로 측정해 보면 에베레스트산 근처에서도 중력의 값은 그다지 크지 않다. 마치 에베레스트산의 속이 텅 빈 것과 같다. 그러나 에베레스트산이 텅 빈 것은 아니다.

이 결과를 해석하기 위해 1855년 영국의 에어리는 다음과 같이 생각했다. 지구 표면 근처에는 표층이 있고, 에베레스트산 근처와 같이 표층이 위에 돌출된 곳에서는 밑에도 돌출돼 있다. 소위 산 아래에도 거꾸로 된 산이 있는 것이다. 더욱이 여기서 표층(지각)의 암석 밀도가 하층(맨틀)의 암석의 밀도보다 작다고 생각된다.

예를 들면 에베레스트산 아래에서는 무거운 맨틀이 지구 표면에서 먼 곳으로 물러나 있으면 그만큼 인력이 작아진다. 이 때문에 일어나는 인력의 감소가 에베레스트산 자체의 인력을 감소시켰다고 하면 에베레스트산 근처에서도 중력의 이상은 일어나지 않을 것이라고 에어리는 생각했다.

맨틀 위에 떠 있는 지각

에어리의 생각에 의하면 산과 같이 지각이 솟아오른 곳에서는 바로 아래의 맨틀 속으로 깊게 박혀 있다. 이러한 현상은 바다에 떠 있는 빙산과 같다. 해면상에 높이 솟은 빙산은 해면하에 깊이 뿌리박혀 있다. 이렇게 지각이 맨틀에 떠서 평형을 이루고 있다는 주장을 **지각평형론**(地殼平衡論)이라 한다. 1855년 이래 중력측정으로 이 지각평형론이 기본적으로는 옳다는 것이 증명됐다. 그리고 또 이것은 지진 연구보다 앞서 지각의 존재를 증명한 것이기도 하다.

지각구조의 연구에는 자연지진(自然地震)뿐만 아니라 인공지진(人工地震)도 이용된다. 예를 들면 화약을 사용해 일으킨 지진파를 지진계로 관측해 지각의 구조를 알아내는 것이다. 자연지진과는 달리 인공지진에서는 지진이 일어나는 장소와 시간을 추정할 수가 있다. 이러한 연구로 지각의 평균 두께가 대륙 부분에서는 35km, 해양 부분에서는 5km라는 것을 알았다. 해면상에 솟아 있는 대륙 부분에서는 지각의 두께가 두꺼워 지각평형설을 뒷받침한다.

지질 현상을 이해하는 데에도 지각평형 이론은 중요하다. 예를 들면 침식으로 대륙 표면이 깎이면 지각의 두께는 그만큼 얇아지고 지각이 떠오른다. 또 퇴적물이 어떤 곳에 퇴적되면 그 지역에서는 지각이 침강한다. 스칸디나비아반도나 캐나다에서는 현재 최고 1년에 1cm의 융기(隆起)가 일어나고 있다. 지금으로부터 2만 년 정도 전까지만 해도 그곳은 빙하시대의 얼음으로 덮여 있었다. 그 얼음의 하중(荷重)이 제거돼 지금은 지각평형의 원리에 따라 융기하고 있는 것이다.

이 현상을 이론적으로 연구해 1935년 하스켈은 지구의 점성계수(粘性係数)를 구했다. 그가 얻은 지구의 점성계수는 10^{22}포아즈였다. 포아즈란 점성계수의 c.g.s 단위다.

탄성반발설

지진의 본성에 관한 연구의 역사를 더듬어 보자. 1906년 일어난 샌프란시스코 지진의 연구에 바탕을 두고, 1911년 미국의 레이드가 탄성반발설(彈性反撥設)을 제창했다. 지진이 일어난 곳을 하나의 탄성체, 또는 탄성매질(彈性媒質)이라 생각할 수 있다. 그러한 탄성매질에 어떤 힘이 작용해 탄성에너지가 축적된다.

그러나 탄성매질은 고유한 강도가 있어 그 단위부피에 축적되는 탄성에너지에는 한계가 있다.

에너지의 축적이 마침내 그 한도에 달하면 파괴가 일어난다. 바로 그것이 지진단층(地震斷層)으로 나타난다. 이 파괴로 해방된 탄성에너지의 매우 적은 부분이 지진파의 에너지가 된다. 이것이 탄성에너지를 축적하는 원동력에 관해서는 그다지 언급하지 않았다. 그러나 꽤 넓은 범위에 이르는 힘, 이른바 원격력(遠隔力)을 생각하고 있는 것은 거의 명백한 일이다.

초동분포의 규칙성

1918년 시다(志田)가 지진의 초동분포(初動分布)에 규칙성이 있다는 것을 발견했다. 지진이 일어날 때 어느 관측점에 최초로 도달하는 파는 종파다.

이 종파에 따른 지면의 흔들림이 진원에서 밀려나오는 경우에 그 점에서 초동(初動)을 밀어냄이라고 한다. 또 종파에 수반된 지면의 흔들림이 진원 쪽으로 끌어당겨지는 움직임인 경우에는 그 점에서의 초동을 끌어당김이라고 한다.

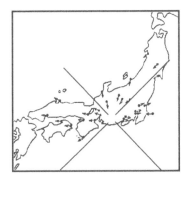

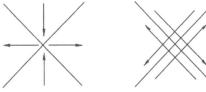

〈그림 6〉 지진의 초동분포

　그런데 어느 한 지진에 대한 각 관측점에서의 초동의 방향을 조사해 보면, 예를 들면 〈그림 6〉에 나타난 바와 같은 결과를 얻을 수 있다. 즉 지진의 초동분포에 규칙성이 있는 것이다.

　시다가 발견한 것은 이러한 사실이다. 이 지진의 초동분포로 지진을 일으킨 힘의 원리가 분명해진다. 예를 들면 〈그림 6〉에 나타난 것 같은 초동분포는 아래 왼쪽 그림에 표시된 것 같은 어긋나는 형의 힘으로 설명된다. 〈그림 6〉 아래의 왼쪽 그림에 표시된 당기는 방향을 이 지진의 주압력(主圧力)의 방향이라 부르는 경우가 있다.

깊은 지진

1927년 와다치(和撻)가 지구 내부의 깊은 곳에서도 지진이 발생하는 것을 확인했다. 그 이전에는 지진은 지각의 내부에서만 발생하는 것으로 생각하고 있었다. 중력의 연구로 지각이 맨틀이라는 바다 위에 떠 있는 빙산과 같은 것이라는 것을 알고 있었다. 이 생각이 너무나 지나쳤기 때문에 바다에 해당하는 맨틀에는 탄성 에너지가 모일 수 없고, 따라서 지진이 일어날 수도 없다고 생각하고 있었던 것이다.

그러나 와다치의 연구로 지구 내부 700km의 깊이까지 지진이 발생하고 있다는 것을 알았다. 이와 같은 심발지진(深發地震)이 일어나는 지역은 한정돼 있다. 일본을 포함한 태평양을 둘러싼 불의 둘레(환태평양지진화산대)가 이에 해당된다. 게다가 심발지진은, 예를 들면 일본해구(日本海溝) 같은 해구 부분에서 수평면과 약 45°를 이루고 지구 내부로 들어간 면 위에서 발생하고 있는 것을 알았다. 이것을 일본에 관해 말하면 태평양 쪽에는 얕은 지진이, 동해(東海) 쪽에는 깊은 지진이 일어나고 있는 것이 된다.

바로 이 무렵 이마무라(今村, 1870~1948)는 지진 및 화산활동에 따른 지각변동을 연구하고 있었다. 그의 연구로 지진과 화산활동을 앞두고 특징적인 지각변동이 있는 것이 분명해졌다. 지진을 미리 안다는 것을 생각할 경우 지각변동에 관한 연구는 기본이 된다.

이마무라는 그러한 학문의 기초를 굳힌 지진학자였다.

1930년대의 성과

1930년대 초, 이시모도(石本)는 지진의 마그마설(관입설)을 주장했다. 이것은 지각에 마그마가 관입함으로써 지진이 발생한다는 생각이다.

이 경우에 지진단층은 지진과 '형제'가 된다. 탄성반발설에서는 단층을 지진의 '부모'라고 생각한다. 두 설의 현저한 차이라 해도 좋을 것이다. 또 하나, 탄성반발설에서는 지진의 원동력을 일정한 넓은 범위에 미친 힘(遠隔力)이라고 생각한다. 이에 반해 마그마 관입설에서는 그 원인은 매우 국지적인 것이라고 생각한다.

현재 마그마 관입설이 약간 그 위세를 잃고 있다. 마그마의 관입이 지진의 원인이라 해도 이러한 마그마의 관입을 일으키는 더욱 근본적인 것이 원격력이라는 건 현대 사고의 주류다. 마그마 관입설 외에 이시모도는 이이다(飯田)와 공동으로 발표한 소위 이시모도-이이다의 법칙(1939)에 관한 연구가 있다. 이것은 일정한 기간 동안에 얼마만큼 큰 지진이 몇 번 발생하는가 하는 통계에 관한 법칙이다. 지진의 본성을 생각할 때, 이 통계법칙이 중요한 의미를 갖는다는 것이 그 후의 연구로 분명해졌다.

시다에 의해 시작된 지진의 초동분포 연구는 그 후 혼다(本多)가 크게 발전시켰다. 지진의 초동분포가 〈그림 6〉에 표시된 것과 같다는 것에 대해서 일본 이외의 다른 나라 연구자들은 그렇게 찬성하지 않았다. 그들을 납득시키기 위해 1930년경부터 혼다는 일본 부근에서의 풍부한 자료를 구사해서 마침내 승리로 끝낸 설득을 시도한 것이다. 더욱이 혼다는 지진의 주압력(主壓力)의 방향이 넓은 범위에 걸쳐 규칙적인 분포를 나타내고 그것이 또한 지질구조와 깊은 관계를 가지고 있는 것을 밝혔다. 지진의 본성을 생각할 때, 이것은 매우 중요한 결과다.

지진의 크기에는 한계가 있다

마찬가지로 1930년대 초부터 츠보이(坪井)는 지진의 본성에 관한 연구를 시작했다. 그는 우선 이마무라가 개척한 지진에 따른 지각변동의 연구부터 착수했다. 그 후 그는 이 지각변동의 연구와 앞에서 말한 이시모도-이이다의 법칙과 같은 지진의 발생에 관한 통계법칙을 종합해 하나의 지진관(地震觀)을 수립했다.

그에 의하면 단위부피에 집적된 탄성 에너지는 암석의 강도로 제한되는 한도가 있다. 이 생각에 의하면 큰 지진이건, 작은 지진이건 이에 우선 필요한 단위부피당 집적된 탄성 에너지는 같다. 단지 큰 지진에서는 탄성에너지가 큰 체적에 집적된 만큼 달리 나타난다. 지각변동의 연구에 의하면 탄성에너지가 1회에 집적되는 부피에도 그 한계가 있다. 따라서 대지진에도 그 크기의 한도가 있어 지구를 둘로 쪼갤 만한 지진은 일어날 수 없다.

지금까지 본 바와 같이, 지진의 본성에 관해서는 일본의 지구 물리학자에 의한 연구가 단연코 앞서 있다. 그렇다고는 하나 지진의 본성에 관해서는 아직 모르는 것이 많다. 예를 들면 탄성매질에 집적된 탄성에너지가 지진파 에너지로 변하는 구체적인 구조를 모르고 있다.

제2장

지구의 내부

지구를 탐색하는 학문의 1940년경부터 그 후의 역사가 이 장의 내용이다.
1936년 브랜이 이룬 지구 내부의 밀도분포 연구가 커다란 진보의
실마리다. 그의 연구와 고온고압의 물리학 연계로 지구 내부가
어떠한 물질로 구성돼 있는가 하는 것이 분명해졌다.
이렇게 명확해진 지구의 내부구조는 지구 조석과 지구 진동의 연구로
다시 한 번 뒷받침됐다.
지구 내부의 온도와 점성이 추정되고, 지구 자기장이
어떠한 원리로 유지되고 있는가 하는 것이 분명해졌다.
또 오래된 지질시대의 지구 자기장을 조사하는 고지자기학(古地磁氣學)이
융성해 대륙이동설(大陸移動說)을 새롭게 지지했다.
이러한 연구를 계기로 지구 표면상의 대륙과 바다의 생성에 관한
메커니즘에 흥미가 집중돼, 그런 가운데서 맨틀대류론(對流論)이 생겼다.
이 장에서는 이러한 문제를 다루겠다.

브랜의 밀도분포 연구

지구 내부구조를 탐색하는 데 있어서 1936년은 중요한 해였다. 이 해에 뉴질랜드 태생으로 현재 오스트레일리아에 살고 있는 브랜이 지구 내부의 밀도분포에 관한 중요한 연구를 발표했다. 그는 1922년 미국의 윌리엄과 아담스가 제안한 생각을 이용해 지구 내부에 있어서 각 층의 종파와 횡파의 속도에서 그 깊이에 대한 부피탄성률을 추정하는 데 성공했다.

앞에서도 서술한 바와 같이 힘을 가하면 변형하지만 그 힘을 제거하면 변형도 원상태로 돌아가는 물체를 탄성체라 한다. 탄성체는 압축하면 그 부피가 적어지고 밀도가 커진다. 이때 탄성체를 압축시키기 어려운 정도를 나타내는 상수가 부피탄성률이다. 즉 부피탄성률이 큰 물체일수록 압축시키기 어렵다.

이와 같이 각 깊이에서 부피탄성률을 추정한 후, 브랜은 다시 다음과 같이 생각했다. 지구 내부에서는 깊이에 따라 밀도가 증가한다. 이런 밀도 증가의 원인으로 생각되는 것은 깊은 곳에 밀도가 큰 무거운 물질이 있다는 것이다. 지구 내부의 얕은 부분에 밀도가 작은 암석이 있고, 깊은 부분에 밀도가 큰 철이 있다는 것과 같은 사고방식이다. 그러나 이러한 사고방식으로 설명되는 것은 지각과 맨틀, 맨틀과 핵의 경계가 되는 깊이에서의 밀도 증가만이라고 브랜은 생각했다.

그러면, 예를 들어 맨틀 속을 깊이 들어감에 따라 밀도가 증가하는 것은 어찌 된 것일까? 브랜은 이러한 밀도 증가가 지구 내부의 각 깊이에 있어서의 거대한 압력에 의한 물질의 압축 때문이라고 생각했다.

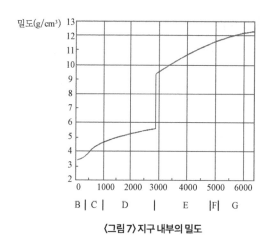

〈그림 7〉지구 내부의 밀도

여기서 그가 미리 행한 부피탄성률의 크기를 계산할 수 있게 됐다. 이처럼 그는 지구 내부의 각 깊이에서의 밀도를 계산했다. 그가 얻은 결과가 〈그림 7〉에 나타나 있다. 이 그림을 보면 지구 각 부분에서의 밀도가 c.g.s 단위로서 대개 다음과 같다는 것을 알 수 있다. 모호면의 바로 밑, 즉 맨틀의 최상부에서의 밀도는 3.32, 2,898km의 깊이에 있는 맨틀과 핵의 경계면의 바로 위, 즉 맨틀 최하부의 밀도는 5.68, 핵의 최상부에서의 밀도는 9.43, 지구 중심에서의 밀도는 약 12다.

눈여겨봐야 할 불연속면

1936년 브랜의 연구에 있어서 또 하나 눈여겨봐야 할 것이 있다. 그것은 그가 약 400km의 깊이에 하나의 밀도 불연속면을 생각해야만 했다는 것이다. 여기에 밀도의 불연속면을 생각하지 않으면 지구의 핵 내에서는 깊이에 따라 밀도가 감소하는 기묘한 결과가 나타나게 된다.

실은 400km 깊이에 있는 이러한 불연속면은 브랜의 스승인 제프리스가 1931년 주시곡선의 연구에서 그 존재를 추정한 것이다. 그리고 20° 불연속면이라 불렸다. 이처럼 지진파 속도의 불연속면이 밀도의 불연속면에 일치하는 것이 밝혀졌다. 그 후 이 20° 불연속면이 전기전도도의 불연속면인 것도 알게 되고, 더욱이 지구를 구성하는 암석의 저압형에서 고압형으로의 변이가 일어나는 깊이인 것도 알았다. 이것들에 관한 설명은 다음에 하기로 한다.

앞에서 언급한 제프리스는 1890년에 태어나 케임브리지 대학을 나왔다. 학생 시절에 찰스 다윈의 아들로서 뛰어난 수학자, 지구 물리학자였던 G. H 다윈의 깊은 영향을 받았다. 영국의 독특한 응용수학의 훌륭한 전통을 이어받아 지구물리학에 응용했다. 지구물리학을 오늘날의 형태로 완성한 공로자의 한 사람이다.

지구 내부의 구분

브랜은 자신의 밀도분포 연구를 바탕으로 지구를 일곱 부분으로 나누고, 위로부터 A, B, C, D, E, F, G층이라 명명했다. 이 이름은 그 후 일반적으로 사용되고 있다(그림 8).

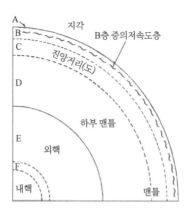

〈그림 8〉지구 내부의 구분

A층은 지각을 지칭하며, 브랜은 그 두께를 33km라고 했다. B층은 깊이가 33km에 있는 모호면에서 413km에 있는 20° 불연속면에 이른다. 그 밑의 C층은 20° 불연속면에서 1,000km까지의 부분을 말한다.

그 밑의 깊이 1,000km에서 2,898km에 있는 맨틀과 핵의 불연속면까지의 지구 부분이 D층이다. E층은 외핵을 가리키고, 그 깊이는 2,898km부터 4,982km에 이른다.

F층은 외핵과 내핵의 변천 부분을 가리키고, 깊이 4,892km에서 5,121km에 달하고 있다. G층은 내핵인데 그 깊이는 5,121km에서 6,371km 즉, 지구의 중심까지 달하고 있다.

이렇게 지구 내부의 밀도분포를 알면 동시에 다른 물리량의 분포도 알게 된다. 1936년 브랜의 연구가 지구 내부구조를 탐색하는 데 중요한 것은 이 때문이다. 여기서는 〈그림 9〉에 압력분포, 〈그림 10〉에 부피탄성률과 강성률(剛性率)의 분포를 도식했다. 지구 내부의 압력은 깊이에 따라 점점 증가하며, 지구 중심 근처에서는 400만기압에 가까운 것을 알았다. 또 〈그림 10〉에 표시한 강성률이란 물질의 비틀림 변형, 즉 형태의 변화에 대한 탄성률인 것이다.

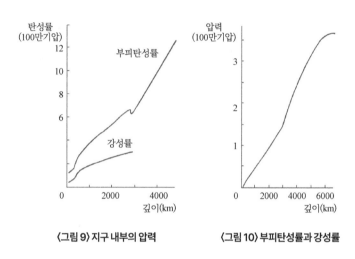

〈그림 9〉 지구 내부의 압력　　　　〈그림 10〉 부피탄성률과 강성률

강성률이 큰 물질일수록 비틀기 어렵다. 또 '물은 그릇에 따라 변한다' 는 말대로 액체는 형태의 변화에 대해 무저항이다. 즉 액체의 강성률은 0이 다. 〈그림 10〉에서도 명백히 보이는 것처럼 지구 핵의 강성률은 0이다. 이 것은 핵이 액체임을 뜻하는 것이다.

매너건과 버치

브랜이 지구 내부의 밀도 부분에 관한 논문을 발표한 다음해, 즉 1937년 매너건이 미국의 수학회지(數學會誌)에 「유한(有限) 왜곡의 탄성체이론(弾性体理論)」이란 논문을 발표했다. 매너건 이전의 탄성체이론에서는 변형에 따른 왜곡이 작다고 생각하고 의론을 전개하고 있었다.

따라서 지구 내부에서와 같이 수백만기압이라는 압력하에서의 변형에 이 의론을 적용할 수 없다. 매너건은 이 점을 고쳐서 왜곡이 작지 않은 경우에도 적용할 수 있는 탄성체이론을 전개한 것이다. 그러나 그의 논문은 풀이하기 힘든 수식으로 가득 차 있어, 이것이 지구 내부구조 해명에 도움이 될 것이라고 생각한 사람은 적었다. 얼마 안 되는 사람 중에 하버드 대학의 프랜시스 버치가 있었다.

버치는 고온, 고압의 실험에서 유명한 브리지먼(1946년도 노벨물리학상 수상자)의 제자이며, 뛰어난 실험가였다. 그 후 그는 브리지먼의 뒤를 이어 하버드 대학의 교수로써 유능하고 독창적인 여러 명의 지구물리학자를 길러냈다. 또한 그가 몇 년에 걸쳐 발표한 지구물리학의 종합보고는 항상 그 분야의 지도적인 논문으로 남았다.

B층을 이루는 암석

매너건 이론을 이용해서 버치는 지구 내부의 각 깊이에 있는 물질이 지구 표면으로 운반돼 압력이 제거됐을 때의 밀도와 부피탄성률을 계산했다. 그가 얻은 결과를 〈그림 11〉에 도식했다. 단, 이 그림은 종축은 지구 표면으로부터의 깊이를, 횡축은 그 깊이에 있는 물질의 압력으로부터 해방시켰을 때의 밀도 및 '부피탄성률/밀도'를 나타낸 것이다. 횡축에 표시한

2개의 양이 B층의 상부 및 D층 내에서 일정하다는 것을 알았다.

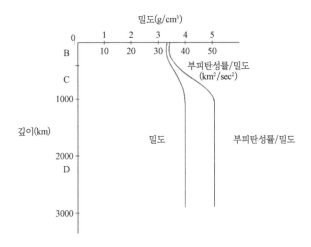

〈그림 11〉 지구 표면으로 운반됐을 때의 밀도와 부피탄성률

이에 대해 B층 하부 및 C층 내에서는 이들 양이 B층 상부 및 D층 내의 값을 연결하듯이 변화해 일정하지 않다. 예를 들면 D층 내에서 이들 양이 일정한 것은 D층을 구성하는 물질이 깊이에 관계없이 일정하므로, D층이 균질인 것을 나타내고 있다.

D층이 균질이기 때문에 이 층 내의 어느 깊이의 물질을 지구 표면에 갖고 와도 같은 밀도와 부피탄성률을 나타내는 것이다.

참고적으로 말하면 D층의 물질에 압력을 제거하면 밀도는 4.0(g/cm³)이 되고, 부피탄성률/밀도는 51(km²/초)이 된다. 마찬가지로 B층 상부의 물질에서 압력을 제거하면 밀도가 3.3, 부피탄성률/밀도가 34의 균질한 물질로 구성돼 있는 것을 알게 된다. 그러나 C층 내에서는 물질이 일정하지 않고, B층을 구성하는 물질이 차차 D층을 구성하는 물질로 변하는 것을 알 수 있다.

그러면 B층 상부 및 D층을 구성하는 물질은 각각 어떤 것일까? 이것은 지구의 내부구조를 생각하는 데 대단히 중요한 문제다. 이 문제와 맞서는 것은 원리적으로는 참으로 간단하다. 실험실 내에서 여러 가지 물질의 밀도와 부피탄성률을 측정하면 될 것이다. 그러한 물질 중에, 예를 들어 밀도가 3.3, 부피탄성률/밀도가 34인 물질이 있다고 하면, 이것은 B층 상부를 구성하는 물질에 알맞은 '후보자'가 된다. B층 상부에 관한 것은 이러한 후보자를 쉽게 발견할 수 있다. 예를 들면 고토(苦土)감람석(forsterite)과 같은 규산염광물(硅酸鹽鑛物)이 좋은 후보자다. 퍼스테라이트는 암석 중에서 흔히 발견되는 광물이기 때문에 B층 상부는 매우 흔한 암석으로 구성돼 있는 것이다.

D층의 수수께끼

그러나 D층에 대해서는 좀처럼 좋은 후보자가 발견되지 않았다. 퍼스테라이트에 그 4분의 1 정도의 철감람석(fayalite)을 가하면 밀도가 거의 D층 내의 물질과 비슷한 것이 된다. 그러나 부피탄성률이 지나치게 작아 전연 문제가 되지 않는다. 버치는 이 곤란을 해소하기 위해 D층은 위에 서술한 것과 같은 규산염광물로 돼 있지만, 단지 그것이 높은 압력에 따른 새로운 결정형을 하고 있다고 생각했다. 보통의 온도, 압력하에서 퍼스테라이트와 파야라이트는 감람석 구조라는 결정구조를 하고 있다. 그러나 높은 압력하에서 이것들은 스피넬 구조라는 결정구조를 하고 있을 것이다.

1952년의 논문 중에서 버치는 이렇게 결론짓고 있다.

높은 압력하에서의 새로운 결정형에 대해 설명해 보자. 예를 들면 흑연과 다이아몬드는 같은 탄소로 만들어져 있다. 그러나 흑연은 낮은 압력에 따른 결정형을 하고 있고 다이아몬드는 높은 압력에 따른 결정형을 하고 있는 것이다. 따라서 흑연을 높은 압력하에서 압축하면 다이아몬드로 변한다. 이와 같은 일이 맨틀 내부에서 일어나고 있다고 버치는 생각한 것이다. 즉 B층 상부를 구성하고 있는 물질을 높은 압력하에서 압축하면 D층을 구성하고 있는 물질로 변한다. 그리고 B층 하부 및 C층은 이러한 변화가 일어나고 있는 영역일 것이다.

이것이 1952년 논문 중에서 버치가 결론지은 것이다.

고압실험에 의한 예상에 대한 확인

만약 이러한 버치의 예상이 맞는다고 하면, 예를 들어 퍼스테라이트에 높은 압력을 가하면 스피넬형의 새로운 결정구조로의 전이가 일어날 것이다. 이 전이가 일어나기 시작하는 압력이 B층 하부 내에서의 압력과 같다고 하면 버치의 예상이 꼭 들어맞는 것이 된다. 예를 들면 300km 깊이에서의 압력은 10만기압이다. 이런 정도의 압력이라면 실험실에서 실현할 수 없는 것도 아니다. 그는 앞으로의 고압실험이 자기의 예상을 증명해 줄 것을 기대했다. 1952년의 버치의 논문에는 그러한 기대가 가득 차 있었다.

그러나 이 기대가 실험될 때까지에는 10년이라는 세월이 지나가야만 했다. 퍼스테라이트와 파야라이트를 임의의 비율로 섞어 소위 **고용체**(固溶體)를 만든다. 지구 내부에서는 퍼스테라이트 80%, 파야라이트 20%라고 알려져 있다. 이렇게 퍼스테라이트의 비율이 커지면 커질수록 위에서 말한 감람석 형에서 스피넬 형으로 압력이 커진다.

그런데 1966년 오스트레일리아와 일본의 실험실에서 순수한 퍼스테라이트의 고압형(高壓型)으로의 변화가 확인됐다. 이런 실험이 갖는 의미는 지구 내부의 온도를 추정할 수 있다는 것이다. 원래 이러한 고압형으로의 변화 온도는 압력과 암석의 성분비(成分比)로 결정된다. 여기서 성분비란 퍼스테라이트와 파야라이트가 어떤 비율로 섞여 있는가 하는 것이다.

지구 내부의 각 깊이에서의 압력은 꽤 정밀하게 알고 있다. 또 앞에서 서술한 성분비에 관해서도 우리는 어떤 이치를 알고 있다. 따라서 실험실에서의 실험 결과를 지구에 응용해 고압형으로의 변화가 일어나고 있는 깊이에서의 온도를 추정할 수 있는 것이다. 이러한 조사에 깊이 400km에서의 온도가 1,300 내지 1,500℃로 추정됐다.

이렇게 B, C, D층이 퍼스테라이트와 파야라이트를 그 광물 성분으로 하는 암석으로 구성돼 있는 것을 알았다. 지상에서 발견되는 이런 암석은 감람암이 있다. 즉 한마디로 맨틀은 감람암 같은 암석으로 형성돼 있는 것을 알았다. 또 맨틀 내에서 저압형에서 고압형으로 암석의 변화가 일어나는 것도 추측됐다.

지각의 구성물질

이야기가 갑자기 맨틀로 옮겨져버렸지만, 그 위에 있는 A층, 즉 지각은 어떠한 암석으로 구성돼 있는 것일까. 이 경우에도 지각 내부의 각 깊이를 통과하는 지진파의 속도와 실험실에서의 실험으로부터 지각의 구성물질에 관한 추측이 행해졌다. 그 결과 해양의 지각 및 대륙 부분의 지각 하부가 현무암으로 만들어져 있고, 대륙 지각의 상부가 화강암으로 형성돼 있는 것을 알았다. 대륙 부분의 지각도 해양 부분의 지각도 모두 가까운 표면은 퇴적물로 덮여 있다. 여기서 말한 것은 이와 같은 퇴적물을 제거한 후에 나오는 지각의 구조다.

철로 구성돼 있는 핵

핵을 구성하는 물질에 관해서는 비헤르트 때부터 철일 것이라고 추측됐다. 지구상에서 발견되는 운석에 석질운석(石質隕石)과 운철의 두 종류가 있다는 것이 추측의 주된 근거였다. 그 후 브랜은 핵 내부의 밀도를 추정하고, 부피탄성률을 추정했다. 예를 들면 핵의 맨 윗부분의 밀도는 9.4 정도다. 이것은 지표에서의 철의 밀도 7.8에 비하면 대단히 크다.

그러나 지표에서 7.8의 밀도를 갖는 철도 이것을 핵의 내부와 같은 100만기압 정도의 압력하에 두면 그 밀도가 9 내지 10이 될 것을 충분히 기대할 수 있다. 이런 추측을 하는 데는 먼저 서술한 매너건의 이론이 이용된다. 물론 철을 100만기압하에 놓을 방법이 없는 한 이와 같은 기대는 단순한 기대에 지나지 않을지도 모른다. 그러나 전혀 근거 없는 기대도 아니다. 부피탄성률에 대해서도 같이 기대된다. 즉 핵이 철로 구성돼 있다고 하는 이야기는 그럴듯하다.

이런 의미에서 1960년경 소련의 알트슐러 및 미국의 월슈의 충격파 실험은 대단히 흥미 있는 일이다. 이것은 화약 따위를 이용해 발생시킨 충격파에 의한 높은 압력을 표본의 내부로 보내는 방법이다. 이 방법으로 100만분의 1초 정도의 짧은 시간 내이기는 하지만 표본을 수백만기압의 압력 아래 놓을 수 있다.

이 방법을 이용해 위에서 말한 기대를 입증했다. 좀 더 구체적인 것도 알 수 있었다. 핵에는 철 외에 규소와 같은 좀 더 가벼운 물질도 포함돼 있다는 것을 안 것이다. 그러나 이것은 이를테면 매우 작은 수정이었고, 극히 크게 말하면 철로 되어 있다고 해도 될 것이다.

묵은 술을 새 부대에

이러한 지진파의 연구와 실험실에서의 실험으로 지구 내부의 구조, 특히 그 역학적 구조가 아주 뚜렷하게 떠올랐다. 그러나 자연과학의 어느 분야에서도 그렇듯이 지식이 단 한 분야에서 얻어지는 것인 한 그 신뢰도는 낮다. 이미 얻은 지식을 증명할 수 있는 무엇인가 독립된 증거를 얻어야만 한다. 지구 내부의 역학적인 구조에 관해서는 이러한 독립된 증거가 이미, 적어도 두 가지를 성취하고 있었다. 그중 하나는 지구 조석의 연구였고, 또 하나는 지구 진동의 연구였다.

켈빈이 행한 지구 조석의 연구에 대해서는 이미 말했다. 그 조석에 관한 문제가 또 한 번 떠오른 것이다. 거기에는 두 가지 이유가 있다. 그 하나는 지진파의 연구로 지구 내부의 역학적 구조가 꽤 확실히 된 것이다. 또 하나는 지구 조석의 정밀한 관측이 행해져 그 자료들이 쌓이게 된 것이다. 예를 들면 달의 인력으로 지구가 변형하면 지구상의 각 점에서의 경사가 시시각각 변한다. 이 경사 변화를 경사계(傾斜計)로 관측할 수 있었다.

또 달의 인력에 의해 지구가 변형하면 지구상의 각 점에서 중력의 값도 시시각각 변화한다. 그 중력의 값도 중력계(重力計)로 관측할 수 있었다. 방앗간 등에서 사용되는 용수철저울의 원리를 이용해 중력의 변화를 측정하는 것이 중력계다. 무거운 것을 올려놓으면 용수철저울의 용수철이 길게 늘어난다. 이 원리를 이용해 중력의 변화를 측정하는 것이다. 최근에는 매우 정밀한 중력계가 만들어져 지구 조석의 관측뿐만 아니라, 지하자원의 탐사 등에도 이용되고 있다.

묵은 술을 새 부대에 담는다는 말이 있다. 오래된 지구 조석의 연구를 새로운 관측 자료와 새로운 지구 구조에 관한 지식의 부대에 담는 일을 다케우치(竹內)가 했다. 그 결과는 1950년 발표됐다. 이 연구로 지구 모형이 그 당시까지 얻어진 지구 조석의 모든 관측 자료를 설명할 수 있게 됐다. 또 지구의 핵이 액체인 것도 다시 한 번 입증됐다. 그의 연구는 또 약 10년 후 폭발적으로 꽃피기 시작한 지구 진동 연구에 있어서 선도적 역할을 했다.

지구 조석의 연구에서 그가 만든 방정식은 그대로 지구 진동에 대한 방정식에 적용됐다.

〈그림 12〉 지구 내부구조의 연구를 촉진시킨 칠레 지진

지구 진동

철로 만든 크고 작은 몇 개의 구를 준비해 이것을 두들겨 본다. 조그만 구는 '찡' 하는 높은 음을 내고, 큰 구는 '쿵' 하는 낮은 음을 낼 것이다. 우리의 지구에 대해서 이것과 닮은 진동을 생각해 이것을 지구 진동이라 한다. 켈빈이 지구 조석에 관한 연구를 할 무렵부터 지구 진동에 관한 이론적인 연구도 행해지고 있었다. 그리고 지구의 기본 진동 주기가 1시간 정도인 것을 알고 있었다.

따라서 지구 진동을 관측하기 위해서는 주기 1시간 정도의 진동을 탐지하는 기계를 준비해야만 한다. 이것이 기술적으로 대단히 어렵다는 것은 곧 이해할 수 있을 것이다. 그러나 1950년대 초부터 이러한 기계의 개발이 행해졌다. 예를 들어 캘리포니아 공과대학의 베니오프는 지구의 신장(伸長)과 수축(收縮)을 측정하는 신축계(伸縮計)를 고안했고, 컬럼비아 대학의 유잉과 캘리포니아 공과대학의 프레스는 장주기의 진동을 관측하는 프레스-유잉 지진계를 개발했다. 또 로스앤젤레스에 있는 캘리포니아 대학의 슈리히터는 예민한 중력계를 개발했다.

한편 복잡한 구조를 가진 지구의 고유진동을 계산하기 위한 컴퓨터도 이 무렵 겨우 실용화됐다. 그리고 1958년 이스라엘의 페케리스와 지구물리학자 올터먼이 유명한 지구 진동에 관한 논문을 발표했다. 모든 것이 때에 알맞게 갖춰졌다.

1960년 5월, 때마침 칠레에 지진이 일어났다. 이때 관측된 기록이 컴퓨터를 이용해 스펙트럼으로 분석됐다. 그렇게 페케리스들이 기대한 곳에 스펙트럼의 산이 발견된 것이다. 이것은 브랜 등이 상상한 지구 구조를 아주 독립된 연구로서 또 한 번 입증한 것이다(그림 12).

더욱이 앞에서도 서술한 바와 같이 칠레의 지진은 1960년 5월 일어났다. 그리고 그해 9월 헬싱키에서 개최한 국제지구물리연합총회(國際地球物理聯合總會)에서 이에 관한 연구가 많이 발표됐다. 이것은 현대 지구과학의 진보 속도를 말하는 것이다. 컴퓨터의 개발이 늦었기 때문에 일본의 이 분야에서의 연구는 늦어졌다. 현재 겨우 그 뒤진 깃을 되찾고 있는 형편에 있다.

장주기 표면파

지진파 중에서 표면파(表面波)라고 불리는 것이 있다.

이것은 지구의 표면을 따라 전달해 가는 파(波)다. 또 표면파에 따른 지구의 진동은 지구 표면에서 조금 들어가면 매우 작아진다. 폭풍으로 수면이 파도칠 때에도 수면에서 깊은 곳으로 들어가면 거의 진동을 느낄 수 없는 것과 같다. 그러나 주기가 긴, 즉 파장(波長)이 긴 표면파에서는 이에 따른 진동도 지구 내부로 깊이 들어간다. 따라서 이런 표면파를 이용해 지구 내부의 구조를 조사할 수 있는 것이다. 이러한 연구에도 장주기 지진계와 컴퓨터가 유용하다.

이런 종류의 연구에는 컬럼비아 대학의 도먼에 의한 저속도층(低速度層)의 연구(1960)가 유명하다. 일반적으로 지구 내부로 깊이 들어가면 갈수록 지진파의 속도는 커진다. 그러나 지구 내부의 어떤 깊이에서는 깊이와 함께 지진파의 속도가 감소하는 곳이 있다. 그러한 층이 지구 표면에서 약 150km 깊이에 있는 것을 표면파의 연구를 통해 도먼 등이 결론을 내렸다. 이 깊이에서는 온도가 암석의 녹는점에 가깝기 때문에 지진파의 속도가 감소한다고 생각하고 있다. 만약 이 추측이 맞는다고 하면 이 저속도층은 어쩌면 끈적끈적하게 녹은 마그마 챔버일지도 모른다.

지진파의 감쇠

지구의 기본 진동의 주기는 약 53분이다. 1960년 칠레 지진에 따른 지구 진동은 약 10일간이나 계속됐다. 이는 바꿔 말하면 지구의 기본 진동은 이것을 200 내지 300회 반복하는 사이에 감쇠해 보이지 않게 된다는 것이다. 즉 이러한 사실로 지구라는 진동체(振動體)가 감쇠하는 특징을 알 수 있다. 지구 진동만이 아니라 장주기의 표면파에 대해서도 이런 조사가 행해진다. 이러한 문제를 철저히 추구한 것이 캘리포니아 공과대학의 앤더슨이다.

1964년 출판한 그의 논문에서는 다음과 같은 주목할 만한 결론이 얻어졌다. 즉 깊이 약 400km를 경계로 그곳보다 위의 지구 부분에서는 감쇠가 현저하고 그곳보다 밑의 지구 부분에서는 감쇠가 작다. 400km보다 윗부분에서 감쇠가 심하다는 것은 이 부분을 표면파가 빠져나갈 때 갑자기 쇠퇴한다는 것이다. 400km의 깊이라고 하면 이것은 C층이 시작되는 부분이다. 여기에는 무엇인가 지구 내부의 수수께끼를 풀 열쇠가 숨겨져 있는 것 같은 느낌이 든다.

지구의 점성

스칸디나비아반도의 융기 자료를 통해 1936년 하스켈이 지구의 점성계수(粘性係數)를 구한 것은 이미 말했다. 점성계수란 물질의 점성을 표시하는 상수다. 점성계수가 클수록 물질은 끈적끈적하다. 예를 들면 물의 점성계수보다도 꿀의 점성계수가 크다. 꿀의 점성계수에 비하면 지구의 점성계수는 훨씬 크다. 그런데 이러한 지구의 점성계수가 깊이에 따라 어떻게 변화하는가 하는 것이 문제다.

여기서 이야기는 엉뚱한 데로 옮아간다.

지구가 구형과는 좀 다른 회전타원체형인 것은 이미 말했다. 그리고 인공위성의 관측에 의하면 회전타원체의 편평률은 298. 25분의 1이다. 그런데 지구는 실은 그 자전 속도로 보아 좀 지나치게 일그러져 있다.

원래 지구의 모양이 구에서 벗어난 회전타원체형인 것은 자전을 하고 있기 때문이다. 그래서 지구를 물과 같은 액체라고 생각해서 현재의 자전 속도에 알맞은 모양을 계산해보자. 이와 같이 계산한 모양과 현재의 지구 모양을 비교해 보면 현재의 지구 모양 쪽이 조금 더 일그러져 있다.

늦어지고 있는 자전속도

한편 또 이런 사실이 있다. 지구의 자전속도는 점점 늦어지고 있고, 따라서 하루의 길이도 길어지고 있는 중이다. 이것이 거꾸로 말하면 오랜 옛날의 지구는 현재보다 빨리 자전했던 것이 된다. 현재 지구의 모양이 현재 지구의 자전속도에 비해 너무 일그러져 있다는 것에 관해서는 앞에서 설명했다. 이것을 바꿔 말하면 현재 지구의 모양은 지금보다도 빨랐던 오랜 옛날의 자전속도에 대응하는 모양이라는 것이 된다. 자세히 설명하면 현재 지구의 모양은 지금부터 1000만 년 정도 전의 자전속도에 대응하는 모양이라는 것을 알 수 있다. 지구의 자전속도와 모양 사이에 이러한 시간적 지연을 낳은 것은 지구의 점성 때문이라 생각된다. 점성이 큰 것일수록 이러한 시간적 지연이 크다.

이렇게 지구의 점성을 조사하기 위한 두 가지 자료가 나왔다. 이 두 개의 자료를 기초로 깊이에 따라 지구의 점성계수가 어떻게 변하고 있는가 하는 것을 추정할 수 있다.

1965년 다케우치와 하세가와(長谷川)가 행한 연구에 의하면 약 200km의 깊이를 경계로 이것보다 깊은 곳에서는 지구의 점성계수가 갑자기 증가하는 것을 알 수 있다. 경계의 깊이가 400km와 200km로 서로 다르긴 해도 이것은 진동과 파의 감쇠에 관해 앤더슨이 얻은 결론과 매우 유사하다. 이러한 결과를 바탕으로 앤더슨은 파와 진동의 감쇠와 점성계수 사이에는 깊은 관계가 있다고 추측했다. 이 추측이 맞는가 하는 것은 이제부터 긴 연구가 필요할 것이다.

지자기의 연구

지구의 자기, 즉 지자기 연구의 역사는 오래됐다. 예를 들면 1492년 대서양을 횡단하면서 콜럼버스는 편각이 곳에 따라 다른 것을 발견했다. 잘 알려진 바와 같이 자석의 바늘은 정확히 북을 가리키지 않는다. 자석이 가리키는 방향과 진북(眞北)이 이루는 각도를 **편각**(偏角)이라 한다. 한편 자석의 바늘이 수평과 이루는 각도를 **복각**(伏角)이라 한다. 이 복각도 곳에 따라 변화한다. 예를 들어 극 부분에서 복각은 90°에 가깝고, 적도 부근에서는 0°에 가깝다. 1600년 엘리자베스 여왕의 시의(侍醫)였던 길버트는 구형자석(球刑磁石) 주위의 복각분포와 지구상의 복각분포를 비교해 지구가 하나의 큰 구형자석이라고 결론지었다.

1600년대에는 지자기의 편각에 수십 년 내지 수백 년이라는 시간, 소위 영년변화(永年変化)가 있는 것이 발견됐다. 1700년대에는 지자기의 편각도(偏角圖)가 비로소 만들어지고, 지자기의 편각에 하루를 주기로 하는 일변화가 있다는 것이 발견됐다. 1830년대 가우스가 지자기의 계통적 연구를 진행한 것은 이미 말했다.

이 연구에서 가우스는 일변화 자기장과 같은 주기가 짧은 자기장을 별도로 하면 지구자기장의 모든 원인이 지구 내부에 있다는 것을 밝혔다. 1864년 맥스웰이 이 전자기장의 기초 방정식을 작성했다. 이것은 지자기를 연구하는 학문의 기초가 됐다.

1902년 케넬리와 헤비사이드가 원거리 무선통신이 가능한 것에서 지구 상층부에 훗날 **전리층**(電離層)이라 부르는 전파를 반사하는 층이 있는 것을 예언했다. 또 1919년 채프먼은 지자기의 일변화 원인이 지구 외부에 있다는 것을 확실히 했다. 1925년부터 27년에 걸쳐 애플틴 연구진은 상공에 보낸 전파가 전리층으로부터 반사돼 오는 것을 발견했다. 이것은 케넬리, 헤비사이드의 예상을 확인한 것이었고, 또 지자기 일변화의 원인이 이 전리층에 있다는 것을 확실히 한 것이다.

지구의 전기전도도

1930년 프라이스와 채프먼이 지자기 변화의 연구로부터 지구 내부의 전기전도도의 분포를 구했다. 전기전도도란 전류가 통하기 쉬움을 나타내는 상수다. 금속과 같이 전류가 통하기 쉬운 물질일수록 전기전도도가 크다. 그런데 지자기 변화를 이용해 지구 내부의 전기전도도의 분포를 구할 때는 다음과 같은 원리를 이용한다.

전기도체 밖에서 자기장의 변화가 일어나면 도체 내부에 유도전류가 흐른다. 유도전류는 자기장을 수반한다. 따라서 도체 외부에 자기장의 변화가 있으면 도체 내부에 자기장이 유도되는 것이다. 지구의 경우, 지구 표면에 있는 우리는 이러한 외부 자기장과 내부 자기장을 모두 관측할 수 있다. 게다가 관측 자료를 적당히 정리함에 따라 외부 자기장과 내부 자기장을 분리할 수 있는 것이다. 이렇게 결정된 외부 자기장과 내부 자기장의 관계가 어떻게 되는가는 지구의 전기전도도로 정해진다.

이러한 원리를 이용해 지구 내부의 전기전도도의 분포를 정하는 것이다. 이러한 프라이스와 채프먼의 기본선에 따라 지구 내부의 전기전도도의 분포를 정밀하게 결정하는 연구를 1951년 리키다케가 했다. 깊이 400km 부근에서 전기전도도가 급격히 증가하고 있다는 것이 그가 얻은 결론이었다.

그런데 지구 내부의 C층이 시작되는 깊이, 즉 400km 부근에서 불연속적으로 변화하고 있는 물리량은 실로 많다.

예를 들면 밀도, 지진파의 속도, 진동과 파의 감쇠, 점성계수 및 전기전도도 등이 그것이다. 또 암석의 저압형에서 고압형으로의 변화도 이 부근에서 시작한다. 어째서 이 부근에서 이러한 불연속적인 변화가 일어나는 것일까? 실로 흥미 있는 문제다. 지각을 지구 표면의 얇은 껍질이라고 생각한 것이 지금까지 지구과학의 상식이었다. 그러나 지구 표면의 실제의 얇은 피각은 A층과 B층을 포함하는 400km 두께의 층인지도 모른다.

지구 내부의 온도

지구 내부의 전기전도도 분포로부터 온도분포를 추정할 수 있다. 이 경우 원리는 다음과 같다. 대체로 전기전도도는 온도와 압력에 따라 다르다. 이 변화는 실험실에서의 고온, 고압 실험으로 알아낼 수 있다. 한편 지구 내부의 어떤 깊이에서는 전기전도도와 압력의 값을 알 수 있다. 따라서 실험실에서의 실험 결과를 근거로 그 깊이에서의 온도를 추정할 수 있는 것이다.

이 원리에 바탕을 두고 얻은 전기전도도 분포로부터 리끼다께가 추정한 지구 내부에서의 온도분포가 〈그림 13〉에 R로 표시돼 있다. 같은 〈그림 13〉에 I로 표시한 곡선은 맨틀에서의 온도분포의 가장 낮은 값을 나타내고 있다. 이것은 맨틀에 열원(熱源)이 없는 것으로 계산한 온도분포다. 실제 맨틀에는 방사성물질과 같은 열원이 있기 때문에 맨틀의 온도분포는 이보다 낮게 될 수 없다.

또 〈그림 13〉에 2로 나타낸 곡선은 맨틀 및 핵을 구성하는 물질의 녹는 점 분포다.

맨틀은 고체이기 때문에 그 내부에서의 온도분포가 2를 넘을 수는 없을 것이다. 또 외핵은 액체이고 내핵은 고체이기 때문에 외핵에서의 온도는 2를 넘고 있고, 내핵에서는 2보다 낮을 것이다. 이러한 것을 고려해 질 버리가 얻은 지구 내부에서의 온도분포가 〈그림 13〉에 G로 나타나 있다. 지구 중심에서의 온도가 약 6,000℃인 것을 알 수 있다.

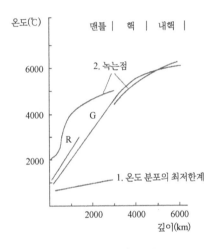

〈그림 13〉 지구 내부의 온도분포

지자기의 다이나모 이론

지구자기학이 성취한 최근의 성과 중에서 가장 빛나는 것은 지구자기장의 성인을 설명한 **다이나모 이론**(理論)일 것이다. 지구가 어떻게 자기장을 갖는가 하는 문제는 오랫동안 큰 골칫거리였다. 많은 생각이 제안되고, 그것들은 모두가 극복하기 어려운 반론에 부딪혔다. 이러한 암흑시대에 광명을 가져온 것이 1946년 출판한 엘사서의 논문이었다.

이것은 지구 핵 내부에서 유도전류를 매개로 한 '발전기(發電機)'가 작용하고, 지구 자기장이 유지된다는 생각이었다.

뒤에 말하는 고지자기학(古地磁氣學)의 연구로 지구 사기장의 극성이 종종 바뀌는 것을 알게 됐다. 다이나모 이론은 이러한 지구 자기장의 반전도 포함한 지자기의 성질을 설명하는 데 성공한 유일한 이론이다. 엘사서가 연 지구 자기장의 성인에 관한 해결에 참가한 사람은 영국의 블러드, 일본의 다케우치, 시마즈, 리키다케다.

고지자기학

화성암과 퇴적암의 잔류자기를 조사해 옛날의 지구자기장을 연구하는 학문을 고지자기학이라 한다. 고지자기학도 오랜 역사가 있는 학문이다. 1925년 프랑스의 슈바리에는 고지자기학의 연구로부터 파리에서의 과거의 복가의 영년 변화를 측정하는 데 성공했다.

그리고 1938년 미국의 맥니슈는 퇴적암의 잔류자기로부터 과거의 지구자기장을 추정했다. 그러나 고지자기학이 학문으로서의 체제를 갖춘 것은 1940년대 말엽으로 일본의 나가다, 프랑스의 넬 등의 연구에 의한 것이 많다.

예를 들면 끈적끈적하게 녹은 화성암이 식어 그 온도가 퀴리 온도보다 낮아지면 그때 화성암이 외부로부터 걸린 자기장의 방향으로 자화된다. 이 자화는 그 후의 변화에 대해 매우 안정돼 있어 **열잔류자기**(熱殘留磁氣)라 한다. 이를테면 자화된 후, 외부 자기장이 변화해도 원래의 자호가 흐트러지는 일은 없다. 이 때문에 잔류자기는 자기화석(磁氣化石)이라 불리고 있다.

그리고 이 자기화석을 이용해 화성암이 냉각할 당시의 지구자기장을 알 수 있다. 한편 수성암은 그를 구성하는 알갱이가 지구자기장 안에서 수중에 잠겨 있을 때 그것이 자기장의 방향으로 퇴적된다. 이것이 또한 자기화석으로서 유용한 것이다. 나가다와 넬이 분명히 한 것은 이러한 잔류자기의 구조인 것이다.

잔류자기의 연구로 여러 가지가 명백해졌다. 1951년 네덜란드의 호스퍼스가 아이슬란드 용암류(熔岩流)의 잔류자기를 조사하고, 제3기 무렵에 지구자기장이 역전했을 가능성을 지적했다. 이들 용암류 중 어느 층이 계통적으로 현재 지구 자기장의 방향과 반대로 자기를 띠게 되고 있었던 것이다. 1950년대 중엽에는 블래킷이 인도 데칸 고원 용암류의 잔류자기를 조사해 지금부터 2억 년 정도 전에 인도는 남반구에 있었고, 그 후 북상을 계속해 현재의 위치에 정착했다고 결론지었다.

그 무렵 랑콘이 유럽과 북아메리카에서의 고지자기학 연구에서, 역시 2억 년 정도 전에는 이들 대륙은 붙어 있었고 그 후 서로 떨어졌다고 결론을 내렸다. 이들은 모두 1912년 베게너가 제창한 대륙이동설(大陸移動說)

을 전혀 다른 증거로 입증한 것이다.

지구수축설

태양계의 성인에 관한 칸트-라플라스의 성운설(星雲說)이 나온 것은 18세기 말엽이며, 진스-제프리스의 조석설(潮汐說)이 나온 것은 1910년 대이고, 바이츠제커의 난류설(亂流說)이 나온 것은 1943년이다. 이러한 각 시대의 큰 흐름을 배경으로 다음에 해양이나 산맥 같은 지구상의 현저한 특징의 생성에 관한 연구의 역사를 더듬어 보자.

조산대와 대산맥에 나타나는 습곡구조(褶曲構造)는 누구에게나 수평 방향의 큰 압축이 있었다는 것을 생각하게 한다. 지구가 원래 고온이었다고 생각해, 그 수축으로 이러한 습곡을 설명하려 한 것이 수축설의 입장이다. 이러한 생각은 멀리 뉴턴과 데카르트까지 거슬러 올라간다. 그리고 그양적(量的)인 의론은 제프리스의 저서 『지진과 산맥』에 집대성됐다.

해저산맥

그러나 지구상에는 습곡산맥 외에 여러 가지 특징이 있다. 그 특징 중에는 수축설로는 설명할 수 없는 것이 있다. 예를 들면 대서양의 중앙부를 달리는 해저산맥으로 압축설이 아니라 당기는 힘이 작용한 증거가 충분하다. 게다가 1959년 유잉과 히젠이 지적한 것처럼 이들 해저산맥은 4만km에 걸쳐 지구를 빙그르 둘러싸고 있다. 이 해저산맥만 눈여겨보면 지구수축설보다도 오히려 팽창설(膨張說)을 취하고 싶어질 정도다.

해저산맥에 관해서는 최근 흥미 있는 여러 가지 많은 자료가 쏟아져 나오고 있는 참이다. 예를 들면 환태평양지진대(環太平洋地震帶), 알프스-히말라야지진대 외에 이 해저산맥대를 따라 지진이 수없이 일어나고 있는 것을 알 수 있다. 이 해저산맥대는 다른 곳에 비해 지구 내부로부터 나오는 열량(熱量)이 많은 것도 주목된다. 원래 지구 내부에서 해저로 나오는 열량을 측정하는 기술은 1950년대 초 무렵에 불러드의 연구진이 개발한 것이다. 불러드는 지구자기장의 다이나모 이론에서 나온 바로 그 사람이다. 해저산맥을 따라 열류량(熱流量)이 크고 이에 대해 해구(海溝) 부근에서는 열류량이 작은 것도 그들이 최초로 발견한 것이다.

맨틀대류론

이와 같이 습곡산맥에는 압축의 특징이 나타나 있고, 해저산맥에는 당기는 특징이 나타나 있다. 이들 두 특징을 교묘히 설명하는 이론으로서 **맨틀대류론**(對流論)이 있다. 이것은 지각 밑에 있는 단단한 맨틀에서 1년에 수cm 정도의 느린 대류운동이 일어나고 있다는 것이다. 대류운동의 예로서는 이를테면 목욕탕 안에 더운 물의 움직임과 커피 잔과 된장찌개 뚝배기 속의 뜨거운 물의 움직임을 생각할 수 있다(그림 14).

어느 경우에나 그릇 중앙부에서 뜨거운 물이 솟아오른다. 그리고 중앙부에서 갈라져 수평으로 퍼져 그릇 둘레 부분에서 가라앉는다. 이것과 비슷한 움직임이 맨틀 안에서 일어나고 있다는 것이다. 단지 맨틀 대류는 해저산맥 아래서 맨틀로부터 솟아나 여기서부터 수평으로 퍼져, 이윽고 해구 부분에서 맨틀로 가라앉는다고 생각한다.

이렇게 생각하면 해저산맥 부근에서 당기는 힘이 일어나고, 해구 부분에서 압축력이 발생한다는 것을 설명할 수 있다. 그리고 이 해구 부분에서의 압축력이 습곡산맥을 만들 수 있는 것이다.

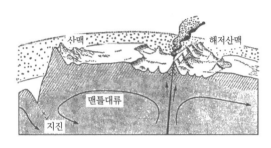

〈그림 14〉 맨틀대류론

이러한 맨틀대류론에 대한 바른 견해를 최초로 제창한 사람은 홈즈로서 1929년의 일이다. 홈즈가 맨틀대류론을 제창한 원래의 목적은 습곡산맥의 분포를 설명하기 위해서였다. 그러나 해저산맥 부근에서 솟아나 수평으로 퍼지고 해구 부근에서 가라앉는 맨틀 대류를 가정해 이 대류를 타고 지각이 운반된다고 생각하면 맨틀대류론은 대륙이동의 원동력을 설명할 수 있는 이론이기도 하다.

그 대륙이동설은 1912년 베게너가 발표한 것으로 홈즈의 이론이 나타날 무렵에는 매우 평판이 나빴다. 그 후 고자기학으로부터 새로운 지지를 얻어 대륙이동설이 부활한 것은 이미 서술했다.

조산운동에는 일종의 윤회가 있는 듯 보인다. 이 조산운동의 윤회를 설명하려 한 최초의 이론은 졸리가 1925년 발표했다. 이 설에서는 암석 중의 방사성물질이 내는 열이 조산운동의 원동력이라고 예측하고 이것과 지각평형설(地殼平衡說)을 이용해 조산윤회를 설명하려 했다.

1939년 그리그스는 맨틀대류론의 입장에서 조산윤회를 설명하려고 시도했다. 그는 교묘한 모형실험도 하면서 조산윤회를 설명했다.

제3장

운석과 지구

운석은 하늘에서 떨어진 고체 덩어리다. 그리고 현재까지로는
우리가 손에 넣을 수 있는 유일한 지구 외 물질이기도 하다.
그러나 운석에 대한 흥미는 다만 지구 밖에서 온 손님이라는 점만이
아니다.
가장 중요한 건 운석은 지구와 깊은 관계를 갖고 있다는 것이다.
운석에 대한 상세한 이야기를 하기 전에 우선 이 점을 대충 조사한다.
이어 운석의 대부분을 차지하는 콘드라이트로 옮아간다.
콘드라이트가 극단적인 산화를 나타내는 A물질과 환원을 나타내는
B물질로 된 것이 분명해진다. 게다가 이들 A, B물질은 콘드라이트가
아직 티끌 상태일 때 만들어졌다.
티끌에서부터 소행성(小行星) 정도 크기의 운석 모체가 만들어지고
이것이 분열해 운석이 되는 것이다.

운석과 지구 모형

우리가 현재 가지고 있는 지구 모형은 운석의 연구를 참고로 만들어졌다. 이러한 지구 모형으로서 최초의 것은 1922년 골드슈미트가 제안한 것이다. 이 모형에서는 핵이 운철(隕鉄)로 돼 있고, 그 바깥쪽인 맨틀 하부가 운석에 포함된 트로이라이트와 유사한 황화철, 상부가 석질운석을 닮은 규산염으로 돼 있다고 생각했다.

그러나 맨틀에 다량의 황화철이 있다고 생각할 수 없기 때문에 이 모형은 얼마 안 가서 배제됐다. 한편 1923년과 1925년 사이에 제안된 윌리엄, 아담스, 워싱턴의 지구 모형에서는 핵이 운철, 맨틀은 아래로부터 석철운석, 콘드라이트, 에어콘드라이트로 구성된다고 생각했다. 여기에 나오는 운철, 석질운석, 콘드라이트, 에어콘드라이트에 관해서는 뒤에 설명한다.

여기 말한 지구 모형에서는 콘드라이트가 그 일부분을 차지하고 있는 데 지나지 않는다. 이에 대해 1959년 제안된 맥드날드의 지구 모형에서는 지구는 최소 콘드라이트에서 출발했다고 생각하고 있다. 콘드라이트 가운데 휘발성물질의 양은 콘드라이트마다 다르지만 비휘발성 원소의 비율은 거의 일정하다. 이를 고려해 맥도날드의 모형에서는 지구 전체를 평균한 비휘발성 원소의 구성성분이 콘드라이트의 구성성분과 일치하도록 하고 있다.

이와 같이 얻은 그의 지구 모형에서는 지구의 핵이 단지 니켈, 철이 아니라 20 내지 30%의 규소를 포함하고 있다. 한편 맨틀은 감람암으로 돼 있다. 즉 그의 지구 모형에서는 콘드라이트가 모여서 출발한 원시지구(原始地球) 속에서 어떤 종류의 배치변화가 일어나 현재와 같은 지구가 만들어진 것이 된다. 어쨌든 이와 같이 지구와 같은 행성이 콘드라이트의 집합에서 출발했다고 하는 모형을 콘드라이트 모형이라 한다.

'콘드라이트 일치'가 갖는 의미

콘드라이트 모형에 유리한 증거로서 다음과 같은 것이 주장되고 있다. 최근 지구 내부에서 표면을 향해 나오는 열량을 측정할 수 있게 됐다. 세계적인 평균으로는 지표면 $1cm^2$당 1초간에 $1.5 \times 10^{-6}cal$의 열량이 된다. 여기에 지구 표면적을 곱하면 지구 내부에서 단위시간에 나오는 총 열량이 계산된다. 한편 지구 전체가 콘드라이트로 구성돼 있다고 생각하고 콘드라이트에 포함된 방사성물질의 양을 고려해 콘드라이트 지구의 단위시간당 총 열량을 계산한다.

결과는 양자가 꼭 일치한다. 이 일치는 1958년 버치가 최초로 지적한 것으로 콘드라이트 일치라 한다. 콘드라이트 일치는 두 가지의 중요한 의미를 갖고 있다. 그 첫째는 현재 지구상에서는 방사성물질이 지표면 가까이에 집중돼 있다고 하는 것이다. 열이 전해오는 속도는 대단히 늦기 때문에 이것이 지구 중심부에서 지표면까지 오는 데는 대단히 긴 시간이 걸린다. 지구의 연령과 같은 정도의 긴 시간이 걸려도 지구 중심부의 열은 지표면에 나타나지 않을 것이다. 따서 열원(熱源)인 방사성물질이 지표면 근처에 집중돼 있지 않으면 발열량(發熱量)과 방열량(放熱量)이 같은 것을 의미하는 콘드라이트 일치는 얻을 수 없을 것이다. 둘째로 중요한 결론은 콘드라이트 모형이 기본적으로는 옳다는 것이다.

지구의 저온기원설과 운석

태양을 둘러싼 화성과 목성 사이에 **소행성대**(小行星帶)라는 부분이 있다. 여기에는 대소 수천 개의 소행성이 흩어져 있다. 소행성은 큰 것도 반경이 수백km에 지나지 않는다.

이러한 소행성이 충돌로 분열한 조각이 지구의 궤도에 섞여 들어온 것이 우리가 보는 운석인 듯하다. 만약 그렇다고 하면 우리는 앉아서 지구와 형제 관계에 있는 다른 행성의 내부를 구성하고 있던 물질을 손에 넣을 수 있는 것이 된다. 이것만으로도 운석과 지구의 깊은 관계가 이해될 것이다. 운석 연구를 바탕으로 지구 모형을 만들려는 시도가 이루어진 것도 당연하다.

운석에 관해서는 여러 방법을 이용해 그 역사가 상세히 파헤쳐지고 있다. 그런 연구의 결과에 의하면, 운석의 모체인 소행성은 원래 우주 공간에 흩어져 있던 콘드라이트 상(狀)의 티끌로 만들어졌다. 소행성대 안에 이러한 티끌이 모여, 반경 수백km의 운석 모체가 만들어졌다.

이 운석 모체가 내부의 방사성물질이 내는 열로 뜨거워졌다. 이윽고 콘드라이트 중에 철이 녹아 운석 모체의 중앙부에 모여 큰 운철 덩어리가 됐다. 수억 년이 걸려 이 운석 모체가 식은 후 충돌로 분열이 일어났다. 분열된 조각이 지구에 온 것이 현재 우리가 손에 넣을 수 있는 운석이다.

운석이 지나온 이러한 역사는 또한 지구가 지나온 역사의 개요라고도 생각된다. 지구도 소행성도, 이를테면 형제와 같은 행성이기 때문이다(그림 15).

즉 지구도 콘드라이트상의 티끌에서부터 그 운명을 더듬기 시작했을 것이다. 그리고 맨틀과 핵, 지각의 분리가 일어났다. 단지 지구는 운석이 지나온 최후의 역사, 즉 충돌과 분열만은 아직 경험하지 않은 것이다.

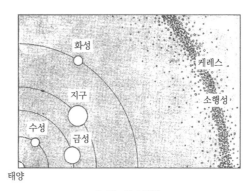

〈그림 15〉 소행성

어쨌든 콘드라이트 상의 티끌에서 출발해 지구가 만들어졌다는 생각은 분류상으로 지구가 **저온기온설**(低溫起源說)에 속한다. 지구가 저온에서 생겼는가 또는 고온에서 생겼는가 하는 문제는 지구의 역사를 생각하는 데 있어 매우 중요한 문제다. 운석은 지구의 이러한 중요한 문제에도 깊은 관계를 갖고 있다.

석질운석

운석은 주로 철과 니켈의 합금으로 된 **운철**(隕鉄)과 주로 **규산염**(硅酸塩)으로 된 석질운석, 양자가 섞인 **석철운석**(石鉄隕石)으로 분류된다.

그들의 낙하가 목격된 운석의 수를 이러한 종류별로 보면 다음과 같다. 운철 6%, 석질운석 92%, 석철운석 2%다. 낙하가 목격되지 않은 것도 포함해, 단지 주운 운석의 수는 운철이 60%를 차지한다. 이러한 이유로서는, 석질운석이 지표의 암석과 같기 때문에 전문가가 아니면 양자의 구별이 어렵기 때문이다. 또한 석질운석이 운석에 비해 풍화(風化)를 받기 쉽다는 것을 들 수 있다. 즉 풍화로 석질운석이 없어져버리는 것이다.

석질운석은 1mm가 채 안 되는 흑색의 껍데기를 가지고 있다. 이 껍데기를 벗긴 속은 회백색을 하고 있고 금속철의 빛나는 점이 보인다. 이것이 석질운석과 지구상의 암석을 구별하는 하나의 특징이다. 운철의 껍데기는 철의 산화물로 돼 있으며 암갈색을 띠고 있다. 이러한 운석의 껍데기는 운석과 공기의 마찰로 생긴 것 같다.

운석이 지구 대기로 들어올 때의 속도는 매초 10 내지 30km라는 빠른 속도이다. 한편 이것이 지표에 낙하할 때의 속도는 초속 100 내지 200m에 지나지 않는다. 즉 운석과 지구 대기의 마찰로 속도가 급격히 떨어진 것이다. 운석이 낙하할 때 나는 굉장한 소리는 이때 생긴 충격파에 의한 것이다. 또 운석이 낙하할 때 보이는 불덩이는 운석 전면의 공기가 압축돼 빛을 내기 때문에 생긴다. 또 운석에 수반된 빛의 꼬리는 공기와의 마찰로 운석의 표면이 녹아 뜨거워진 알갱이가 사라지기 때문에 생긴다. 그러나 운석의 속도가 떨어지면 일단 녹은 표면이 식는다. 이렇게 운석의 껍데기가 만들어지는 것이다.

지표에 떨어진 운석은 표면이 뜨거워 손으로 잡을 수 없는 것이 보통이다. 그러나 운석이 대기를 통과하는 데 요하는 시간이 단 몇 초이기 때문에 공기와의 마찰로 생긴 고온은 운석 내부로 스며들지 않는다. 즉 표층을 제외한 운석의 내부는 차가운 채 있는 셈이다.

콘드룰

운석의 대부분을 차지하는 석질운석은 주로 휘석(輝石)(Mg, Fe)SiO_3 및 감람석(Mg, Fe)$_2SiO_4$로 돼 있으며 감람암에 가깝다. 지구의 맨틀이 감람암으로 구성돼 있다고 생각하는 하나의 큰 이유가 여기에 있다. 그러나 석질운석은 지표의 암석과 다른 특징을 가지고 있다. 그것은 석질운석의 약 90%에 포함되어 있는 콘드룰이라는 둥근 알갱이다. 콘드룰의 직경은 1mm 정도이고 주로 휘석과 감람석으로 돼 있다.

그리고 이 둥근 알갱이 역시 주로 휘석과 감람석으로 된 모재 안에 묻혀 있다. 석질운석 중 콘드룰을 포함하는 것을 **콘드라이트**, 포함하지 않은 것을 **에어콘드라이트**라 한다. 앞에서도 서술한 바와 같이 석질운석 중 90%가 콘드라이트, 나머지 10%가 에어콘드라이트이다. 콘드라이트의 평균 밀도는 1cm^{3}당 3.58g, 에어콘드라이트는 3.28g이다.

운철의 특징

이것에 비하면 운철의 평균 밀도는 1cm³당 7.8g이나 된다. 운철에도 지상물질에서는 볼 수 없는 하나의 특징이 있다.

그것은 운철의 표면을 편평하게 해서 약산(弱酸)으로 부식했을 때 나타나는 위드만스테텐 조직이라는 모자이크 무늬다(그림 16). 이것은 태나이트의 좁은 경계를 갖는 카마사이트대(帶)로 돼 있다. 이 사이의 곳곳에 삼각형 또는 평행사변형으로 된 부분이 보인다. 이것은 카마사이트와 태나이트의 미립자 집합체로 돼 있어 브레사이트라 한다.

〈그림 16〉 운철의 위드만스테텐 조직

더욱이 여기에 나온 카마사이트(α철) 및 태나이트(γ철)는 모두 철과 니켈의 합금이다. 전자는 6% 정도의 니켈을 함유하며, 후자는 13%보다 많은 니켈을 함유하고 있다. 또 위드만스테텐 조직과는 다른 노이만선(線)이라고 하는 평행한 가는 선을 갖는 운철도 있다.

위드만스테텐 조직과 노이만선이 나타나는 운철은 6 내지 11% 정도의 니켈을 함유한다. 그리고 니켈은 많이 함유하면 할수록 무늬의 폭이 좁아지고 있다. 6% 이하 또는 11% 이상의 니켈을 함유하는 운철에는 위드만스테텐 조직도, 노이만선도 나타나지 않는다.

운철에는 지상에서 발견되지 않는 광물도 함유돼 있다. 예를 들면 여기에 서술한 태나이트와 올드하마이트, 도브레라이트, 슈라이베르사이트, 로렌사이트 등이다. 그러나 이들을 실험실에서는 만들 수 있다. 이들이 지구상에 존재하지 않는 것은 지구상에서는 산소 및 물로 빨리 분해되기 때문이다.

또 지상에서 흔히 발견되는 광물 중에 방해석과 같이 수용액(水溶液)에서 결정될 수 있는 광물은 운석에 함유돼 있지 않다. 이것도 운석의 큰 특징이라 할 수 있다.

산화의 정도에 따른 콘드라이트의 차이

앞에서도 말한 바와 같이 석질운석은 운석의 90% 이상을 차지하고 있다. 그리고 그 석질운석 중 90%가 콘드라이트다. 따라서 콘드라이트는 운석 전체의 80% 이상을 차지하고 있다. 또 현재 많은 연구가가 콘드라이트가 본래의 물질이고, 여러 과정을 거쳐 다른 종류의 운석이 만들어졌다고 생각하고 있다. 운석이 만들어진 원인을 생각할 때 콘드라이트가 특히 중요한 것은 이 때문이다. 따라서 다음에 콘드라이트에 관해 설명하기로 하자.

자세히 보면 콘드라이트에도 여러 가지가 있다. 화학 분석 결과에 의하면 산소, 탄소, 황 및 물과 같은 휘발성 물질을 제외한 비휘발성 원소는 함량에 있어서 거의 일정하다. 단 비휘발성 원소의 중요한 것으로는 규소, 철, 마그네슘, 니켈 등을 들 수 있다. 즉 콘드라이트의 다양성이 휘발성 물질의 다소로 생기는 것이다. 또한 휘발성 물질 중에서 산소가 가장 중요하므로 산화 및 환원의 정도로 여러 가지 콘드라이트가 생성된다는 것을 알 수 있다.

프라이얼의 법칙

이것과 관련해서, 콘드라이트의 성질 중에서 가장 중요한 것을 설명할 수 있다. 이것은 1916년 프라이얼이 발견해 프라이얼 법칙이라고도 한다. 이 법칙에 따르면 콘드라이트에 함유된 금속의 양이 적으면 적을수록 금속 중의 Ni/Fe비가 크고, 규산염 중에 FeO/MgO비가 크다.

이것은 다음과 같이 생각하면 잘 이해된다. 철과 달라서 니켈은 산화물을 만들기 어렵다.

또 앞에서도 말한 바와 같이 니켈과 같은 비휘발성 원소의 함량은 콘드라이트의 종류가 달라도 그다지 변하지 않는다. 즉 각 콘드라이트 중의 니켈은 대개 금속인 채로 있고, 그 양도 거의 일정하다는 것이다.

이에 콘드라이트 중 철에는 금속인 채 있는 것과 산화물에 속하는 것이 있다. 여기서 금속인 채 있는 철과 산화물에 속하는 철의 총량은 대개 같다고 생각해 보자. 이렇게 생각하면 금속철의 함유 정도가 적은 콘드라이트일수록 금속철과 금속니켈이 혼합된 금속의 총량이 적어진다. 즉 프라이얼 법칙에 나오는 금속이 적은 콘드라이트라는 것은 실은 금속철이 적은 콘드라이트라는 것이다.

이러한 금속철이 적은 콘드라이트에서는 당연히 금속 중의 Ni/Fe비가 커진다. 이와 같이 프라이얼 법칙의 전반을 이해할 수 있다. 또 금속철이 적은 콘드라이트일수록 산화물에 속하는 철의 양이 많아지고 규산염 중의 FeO/MgO비가 커진다. 이렇게 프라이얼 법칙의 후반 부분이 이해된다.

즉 프라이얼 법칙은 실은 각 콘드라이트 중의 금속철과 산화물 중의 철을 함유한 철의 총량이 대개 일정하다는 것을 나타내고 있다. 즉 콘드라이트의 다양성은 그것의 산화 또는 환원의 정도로 생기는 것을 나타내고 있다. 이것은 앞에 서술한 각 콘드라이트 중의 휘발성 원소와 비휘발성 원소의 함량으로부터 나온 결론과 같다.

콘드라이트의 '진화'

여기서 콘드라이트의 진화라는 생각이 나온다. 즉 원래의 콘드라이트가 환원적 또는 산화적인 상태에서 만들어지고, 산화 또는 환원의 상태를 거쳐 콘드라이트의 여러 종류가 생긴다는 생각이다. 이 경우 원래의 콘드라이트가 환원적 상태에서 출발했는지, 산화적 상태에서 출발했는지에 관해서는 옛날부터 의론이 엇갈리고 있다. 그러나 최근에는 다음에 설명하는 우드의 생각이 유력하다.

산화가 극단적으로 진행된 콘드라이트에 탄소질 콘드라이트가 있다. 탄소질 콘드라이트에는 유기물과 함수광물(含水鑛物)까지 함유돼 있다. 이 탄소질 콘드라이트는 다시 1단계부터 3단계까지 3종류로 분류된다. 콘드라이트의 일반적 성질에 따라 1단계부터 3단계까지 함유돼 있는 비휘발성 원소의 양은 거의 같다.

우선 1단계의 탄소질 콘드라이트를 보면 사문석(蛇紋石)과 같은 저온에 특징적 광물을 함유하고 있다. 산화의 정도도 진전돼 있고, 휘발성 물질도 결여돼 있지 않다. 또 앞에서 설명한 구립(球粒) 콘드룰을 함유하지 않는다.

그것이 1단계에서부터 2, 3단계의 탄소질 콘드라이트로 진행됨에 따라, 저온에서 특징적 광물을 함유하는 수가 적어지고 산화의 정도가 떨어지며 휘발성 물질이 부족하게 된다. 또 점점 콘드룰을 함유하게 된다.

그런데 1단계에서 2, 3단계로 진행됨에 따라 휘발성 물질을 함유하지 않는 뚜렷한 특징이 있다.

예를 들면, 2단계의 탄소질 콘드라이트에 함유된 휘발성 물질의 양은, 1단계의 탄소질 콘드라이트에 함유된 휘발성 물질의 양의 약 반이고, 게다가 그 부족양이 모두 한결같아 휘발성 물질의 종류에 따르는 부족의 정도에 차이가 없다. 3단계의 탄소질 콘드라이트에 함유된 휘발성 물질의 양도 휘발성 물질의 종류에 관계없이 1단계의 탄소질 콘드라이트에 함유된 휘발성 물질의 약 4분의 1이다.

실은 얼핏 생각하면 이러한 일은 그다지 일어날 것 같지 않다. 휘발성 물질이 휘발되든가 또는 휘발되지 않는 채로 있든가 하는 것은 온도에 따라 크게 변한다. 즉 어떤 온도 이상에서는 그 대부분이 휘발돼버리고 그 온도 이하에서는 대부분이 휘발되지 않는다. 없거나 전부(All or nothing)라는 셈이다. 그리고 이 한계온도는 휘발성 물질의 종류에 따라 다르다.

따라서 온도를 고정하면 어느 휘발성 물질은 전부 휘발되고, 다른 휘발성 물질은 전부 휘발되지 않은 채 있는 것이 일반적 상태다. 이렇게 모든 휘발성 물질이 보조를 맞춰 나란히 반만 없어진다고 하는 일은 거의 있을 수 없는 일이다.

A물질과 B물질

그러면 도대체 여기서 서술한 사실을 어떻게 해석하면 될 것인가. 생각할 수 있는 해석으로는 다음에 이야기하는 우드 및 앤더스에 의한 생각이 거의 유일한 것처럼 떠오른다. 그들에 의하면 탄소질 콘드라이트는 A 및 B라는 두 가지형의 물질의 혼합물이다. 물질 A는 모두 휘발성 물질을 함유하고 있고, 물질 B는 휘발성 물질이 전혀 함유돼 있지 않다.

그래서 1단계의 탄소질 콘드라이트에 비해 2단계 또는 3단계의 탄소질 콘드라이트에는 물질 A가 1/2 또는 1/4밖에 함유돼 있지 않다고 한다. 이렇게 생각하면 앞에서 말한 기묘한 사실이 잘 설명된다. 탄소질 콘드라이트 이외의 콘드라이트에 대해서도 여기에서 말한 해석이 적용되는 것을 알 수 있다.

이 결과는 중요한 것이다. 앞에서 설명한 것과 맞춰 생각하면 물질 A는 휘발성 물질과 저온에서 특징적 광물을 함유하고, 산화의 정도가 진전돼 있고, 콘드룰을 함유하지 않는다. 이에 반해 물질 B는 휘발성 물질과 저온에서 특징적 광물을 함유하지 않고, 환원의 정도가 진전돼 있고, 콘드룰을 함유하고 있다. 산화 및 환원 상태만 주목해도 이것은 콘드룰의 근원이 되는 물질이 2종류 있어서 그 하나는 극단적인 산화 상태에서 만들어지고, 또 다른 하나가 극단적인 환원 상태에서 만들어지는 것을 뜻한다.

그러면 도대체 이러한 물질 A와 B가 어떻게 만들어지는 것일까. A가 극단적인 산화 상태, B가 극단적인 환원 상태를 의미하는 것으로 생각하면 이 문제는 꽤 어려운 문제같이 생각된다. 우리도 좀 먼발치에서 조심스럽게 이 어려운 문제에 다가가기로 하자.

하늘에서 온 손님 ─ 레나조 콘드라이트

앞에서도 서술한 바와 같이 콘드라이트에는 콘드룰이라는 구립상(球粒狀)의 것이 포함돼 있다.

콘드룰의 직경은 0.3~1mm로 회색 내지 갈색을 띠며, 주로 규산염광물로 돼 있다. 콘드라이트의 박편을 만들어 암석현미경(岩石顯微鏡)으로 보자. 지구상의 암석과 콘드라이트도 박편으로 만들면 투명하다. 콘드라이트를 암석현미경으로 보면 바탕 가운데 콘드룰이 보인다.

그러나 어떤 콘드라이트에서는 바탕과 콘드룰의 구별이 그다지 뚜렷하지 않다. 잘 조사해보면 어느 콘드룰이나 처음에는 확실한 구조를 가지고 있으나 콘드라이트가 후에 받은 열변성작용(熱變性作用)으로 바탕과 구별이 확실하게 되지 않는 것을 알 수 있다. 열변성작용이란 온도에 따라 광물의 재편성이 이루어진 것을 의미한다.

사물을 그 시초로 거슬러 올라가서 생각해본다면 열변성작용을 거의 받지 않는 콘드라이트를 골라 그 콘드룰과 바탕을 조사하는 것이 중요하다. 우드가 이 중요한 연구를 이끌었다. 그가 이용한 콘드라이트는 이탈리아의 레나조에서 발견됐기에 레나조 콘드라이트라 한다. 이것은 분류상 2단계의 탄소질 콘드라이트에 속한다(그림 17).

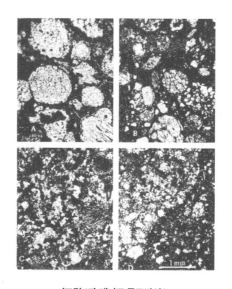

〈그림 17〉 레나조 콘드라이트

레나조 콘드라이트(A)에서는 콘드룰과 바탕의 구별이 확실하지만,
다른 콘드라이트(B, C, D)에서는 구별이 점점 어려워진다

그러나 보통 콘드라이트에서는 발견되지 않는 몇 가지 특징을 가지고

있다. 예를 들면 콘드룰 중의 철이 금속 상태에 있고, 거의 산화돼 있지 않다. 변성작용을 받은 콘드라이트, 구립 중의 철이 때로는 16%나 산화돼 있는 것을 생각하면 이것은 실로 내세울 만한 특징이다.

실은 이러한 조사가 가능하게 된 것도 전자현미탐침(電子顯微探針, electron microprobe)이라는 기계의 진보에 힘입은 바가 크다. 이 기계에서는 콘드라이트 표본의 표면을 갈아 진공장치(眞空裝置) 안에 넣어, 수만 전자볼트에 가속된 전자를 쪼인다. 최근에 전자선(beam)을 직경 수 미크론의 작은 부분에 집중시킬 수 있게 됐다. 이처럼 그 수 미크론 부분의 화학분석이 재빨리 이루어지게 된 것이다. 그것은 어쨌든 레나조 콘드라이트의 콘드룰 중의 철이 대개 금속 상태에 있으며, 따라서 이것은 극단적인 환원 상태를 의미하는 것이므로 흥미 있는 일이다.

환원 상태와 산화 상태의 공존

이에 대해 레나조 콘드라이트의 바탕 중에 있는 철은 거의 산화돼 있다. 철만이 아니라 일반적으로 좀처럼 산화되기 어려운 니켈까지도 산화돼 있다. 즉 레나조 콘드라이트의 바탕은 극단적인 산화 상태를 의미하고 있다. 이것으로 요컨대 레나조 콘드라이트에는 극단적인 환원 상태와 극단적인 산화 상태가 공존하고 있음을 알 수 있다. 여기서 이미 설명한 물질 A 및 B를 생각해보자. 물질 A는 극단적인 산화 상태에서 만들어지고, 물질 B는 극단적인 환원 상태에서 만들어진다. 이것에서 레나조 콘드라이트의 바탕을 물질 A, 콘드룰을 물질 B라고 생각할 수 있을 것이다. 앞서와 같이 물질 A는 콘드룰을 함유하지 않고, 물질 B는 콘드룰을 함유한다. 이것도 위의 해석과 잘 들어맞는 결과다.

레나조 콘드라이트의 콘드룰 중 철이 금속 상태로 있고, 거의 산화돼 있지 않다는 것은 앞에 말했다. 그러나 이것은 과장한 이야기이고, 잘 조사해보면 콘드룰 중 0.5~2% 정도의 철이 산화 상태에 있다. 여기에 우드가 지적한 흥미 있는 사실이 있다.

그것은 태양기원의 가스와 평형 상태에 있는 규산염에 함유될 수 있는 산화된 철의 양이 바로 0.5~2%가 된다는 것이다. 태양기원의 가스는 심한 환원적 상태에 있기 때문에 이 정도 철의 산화밖에 이뤄지지 않는 것이다.

그러나 이 일치는 중요한 사실이다. 그것은 콘드라이트를 만든 물질이 티끌 같은 상태로 공간에 분포하던 때에, 태양기원의 가스와 접촉해 레나조 콘드라이트 같은 열변성작용을 받지 않은 콘드라이트의 콘드룰이 만들어진 것을 의미하기 때문이다.

'열변성작용을 받지 않은 콘드라이트의 콘드룰'이라는 긴 표현법을 피하기 위해 이제부터 이것을 간단히 물질 B라 부르기로 하자. 여기서 물질 B는 지금까지의 이야기에 나온 물질 B와 거의 같은 의미를 가진다.

운석은 티끌로 만들어졌다

이렇게 콘드라이트를 만든 물질이 아직 티끌 상태였을 때 물질 B가 만들어졌다고 하면, 물질 A도 같이 만들어졌다고 생각할 수 있다. 그러나 앞에서도 말한 것 같이 물질 A는 극단적인 산화 상태에 있는 것으로 대응된다. 태양기원의 가스와 같은 수소가 풍부한 환원적 환경에서 물질 A를 만들어낸다는 것은 꽤 어려운 일 같이 생각된다. 이 물음에 대해 우드와 같은 사람은 다음과 같이 대답하고 있다(그림 18).

〈그림 18〉 운석은 티끌에서 생긴다

콘드라이트를 만든 물질이 아직 티끌 같은 상태에 있었을 때 태양기원의 플레어를 닮은 충격파가 통과했다. 이 충격파때문에 순간적으로 온도 200℃, 압력 1,000기압 정도의 고온, 고압 상태가 만들어졌다.

이윽고 2, 3분간 급격한 온도의 강하와 압력의 저하가 일어났다. 이때 티끌 중 어느 것이 액체 상태를 거쳐, 금속을 함유하는 규산염의 액체 방울이 돼 1mm 정도의 입자로까지 성장한다. 이것이 물질 B다.

나머지 티끌은 액체 상태를 거치지 않고 기체에서 직접 수 미크론 정도 크기의 고체로 되돌아간다. 이 경우 온도가 100℃보다 낮으면 수증기가 철을 산화하도록 작용한다. 산화는 작은 입자일수록 급속히 진행된다. 이렇게 레나조 콘드라이트의 바탕에 대응되는 물질 A가 만들어진다.

자세한 것은 그만두고라도 여기에서 얻어진 결론은 중요하다. 우주 공간에 흩어져 있던 티끌이 태양기원의 가스에 접하게 되고 그 접촉부 중에서 얼마 후 운석이나 지구를 만든 콘드라이트가 생긴 것을 이 결론은 분명히 나타내고 있기 때문이다. 이것은 운석과 지구 저온기원설을, 이를테면 현장의 증언으로 뒷받침한 것이다.

이와 같이 만들어진 물질 A와 B가 그 후 집합을 시작한다. 이러한 입자를 집합시킨 힘이 무엇인지는 잘 모르고 있다. 입자 중의 강자성(强磁性) 물질에 의한 자력(磁力)과 수분이 입자를 붙이는 풀과 같은 역할을 했다고 생각하고 있는 사람도 있다. 어쨌든 이렇게 만들어진 최대 반경 200~300km, 즉 소행성 정도로까지 성장한 구(球)가 운석의 모체가 됐다.

운석 모체의 크기와 다이아몬드

실은 이 운석 모체의 크기에 대해서는 아직도 논의가 엇갈리고 있다. 유명한 화학자 유리는 운석 모체의 크기는 달 정도라고 생각하고 있다. 달의 반경은 1,700km이고, 그 중심부의 압력은 4~5만기압이다. 이에 대해 앞에 말한 반경 200~300km정도의 천체 중심부에서의 압력은 2,000~3,000기압이다. 유리가 운석 모체의 크기를 달 정도라고 생각한 이유 중 하나는, 운석 가운데서 다이아몬드가 발견되기 때문이다.

잘 알려져 있는 것처럼 다이아몬드는 흑연과 같이 단순한 탄소다. 단지 다이아몬드를 만드는 데는 적어도 2~3만기압의 압력을 필요로 할 뿐이다. 따라서 운석 모체 내의 정수압(靜水圧)으로 다이아몬드를 만들려고 하면 아무래도 달 정도 크기의 천체가 필요하게 된다. 그러나 최근에는 운석과 지구가 충돌할 때의 충격으로 운석 중의 다이아몬드가 만들어졌다고 하는 의견이 우세하다. 만약 그렇다고 하면 다이아몬드를 만드는 데 반드시 큰 운석 모체를 필요로 하지 않는다는 것이 된다.

자연이란 참으로 우스꽝스럽다. 이를테면 여기에 트리디마이트(tridymite)라는 규산(SiO_2)의 일종이 있다. 이 트리디마이트는 3,000기압보다 높은 압력하에서는 불안정한 규산이다. 그런데 이 트리디마이트가 어떤 운철 가운데서 발견된다. 따라서 적어도 이 운철은 3,000기압보다 높은 기압을 받은 적이 없는 것이다.

앞에서도 말한 것처럼 고압광물은 충격으로 만들어질 가능성이 있다. 따라서 고압광물의 존재가 반드시 높은 정수압의 증거가 되진 않는다. 이에 대해 저압광물에는 이러한 불확실함이 없다. 이것에 입각하면 운석 모체의 크기가 달과 같이 크면 곤란하다.

운석 모체의 냉각 속도

또 하나 달의 운석모체설에 불리한 사실이 있다. 그것은 앞에서 말한 운철에서 발견되는 위드만스테텐 조직이다. 이 조직이 니켈 함량이 다른 두 종류의 철, 니켈합금으로 돼 있다는 것은 설명했다. 그 하나가 카마사이트, 즉 α철이고, 다른 하나가 태나이트, 즉 γ철이다.

실험실에서 실험해보면, 니켈 함량에 따라 결정되는 어느 온도 이상에서는 태나이트가 안정하다는 것을 알 수 있다. 예를 들어 보통 운석에서 발견되는 약 10%의 니켈 함량에 있어서는 700℃ 이상에서 태나이트가 안정하다. 700℃ 이하에서는 불안정해, 원래의 태나이트보다도 니켈 함량이 높은 태나이트와 낮은 카마사이트의 혼합물로 변한다.

온도가 낮아지면 낮아질수록 이 변화의 속도는 늦어진다. 이윽고 변화의 속도가 거의 0이 되는 온도까지 식는다. 이렇게 되면 변화는 그 이상 진행되지 않고, 그 온도에 따르는 높은 니켈 함량의 태나이트가 서로 만나게 된다. 이 경계에서 태나이트 쪽으로 기운 곳에서는 높은 온도에서 만들어지는 것보다 낮은 니켈 함량이 발견된다.

이것을 바꿔 말하면 다음과 같이 설명할 수 있다. 태나이트와 카마사이트가 접하는 부분에서 태나이트의 높은 니켈 함량은 앞에서 말한 변화가 어느 정도의 저온에서 멈추는가 하는 것을 나타낸다. 또 경계보다 태나이트 부분의 니켈 함량은 변화가 멈추기 이전의 온도를 나타내고 있다.

각 온도에서의 변화 속도를 알 수 있으면 이 자료를 이용해서 변화가 멈춘 온도까지 냉각하는 데 어느 정도의 시간이 걸리는지 계산할 수 있다. 운석 모체의 크기를 생각하는 데 있어서 이들 모두가 결정적인 중요성을 지니고 있다는 것은 곧 이해될 것이다.

그러나 예를 들어 앞에서 말한 니켈 함량이 특히 많은 부분의 폭이 수 미크론밖에 되지 않기 때문에 그 정확한 함량을 측정하는 것은 매우 힘든 일이었다. 그러나 전자현미탐침의 개발로 최근에는 이러한 측정이 가능하게 됐다. 그 결과 앞에서 말한 변화가 멈춘 온도가 300~400℃이고, 운석 모체의 냉각 속도가 100만 년에 1~10℃인 것을 알 수 있게 됐다.

기체보지연대

운석 모체의 크기를 결정하는 데 있어서 이것은 실로 중요한 결과였다. 달과 소행성이 어떠한 '열적 역사(熱的歷史)'를 지나 왔는가에 대해서는 많은 계산이 이루어져 있다. 이러한 계산에서는 천체가 최초에 어떠한 온도 분포에서 출발했는가, 열원인 방사성원소의 함량과 그 분포가 어떠했는가, 예를 들면 열전도율의 값을 어떻게 선택하는가 하는 것들이 중요하다. 이러한 추정이 분명하지 않았기 때문에 열적 역사의 계산에는 어떤 불확실성이 수반된다.

그러나 그 불확실한 범위 내에서 생각해도, 예를 들어 달 정도 크기의 천체가 과거에 녹아 있었다고 하고 이것이 300℃까지 식기 위해서는 많은 세월을 요하는 것을 알 수 있다. 아마도 우리 태양계의 연령보다도 긴 세월을 요한다. 또 100만 년에 1~10℃라는 냉각 속도도 달 정도로 큰 천체의 크기를 소행성 정도라고 생각하면 이 난제는 그다지 무리하지 않아도 해결할 수 있는 것이다.

티끌에서 출발했을 때의 운석은 물질 A 및 B의 혼합물이었다. 콘드라이트로 말하면 레나조 콘드라이트와 같이 콘드룰과 바탕의 구별이 확실한 콘드라이트였다. 그러나 티끌이 모여 반경 200 내지 300km 크기의 운석 모체로까지 성장하면 이윽고 이 운석 모체가 따뜻해지기 시작한다. 운석 모체를 따뜻하게 하는 것은 물론 그 안에 함유돼 있는 방사성물질이다. 운석 모체가 뜨거워지고 이에 계속되는 냉각은 수억 년 동안에 완료된 듯하다.

운석 모체의 열적 역사의 시간 규모를 이 정도로 생각하는 것은 다음과 같은 이유에 의한다. 방사성원소를 이용해 운석의 연령이 측정된다. 단 이 경우 이용하는 방사성원소의 종류에 따라 여러 가지 종류의 연령이 측정된다. 예를 들면 우라늄-납법(法)이나 루비듐-스트론튬법과 같은 고체의 방사성원소를 사용하는 방법에 의하면 측정되는 연령은 **고화연령**(固化年齢)이라고 불러야만 되는 연령이다. 즉 운석 모체가 굳어지고 나서의 연령이다.

또 예를 들어 기체인 아르곤과 헬륨을 함유하는 포타슘-아르곤법과 우라늄-헬륨법으로 측정된 연령은 **기체보지연령**(機體保持年齢)이라고 해야만 할 것이다. 즉 운석 모체가 어느 온도 이하로 식어서, 그 이후 모체로부터 기체인 방사성딸원소가 도망가지 않게 되고 나서부터의 연령이다. 운석의 경우에는 전자가 후자보다도 수억 년 긴 것이 보통이다. 그리고 이로부터 결론지어진다.

콘드라이트는 열변성작용을 받았다

레나조 콘드라이트 같은 어떤 콘드라이트에서는 콘드룰과 바탕의 구별이 분명하다. 그러나 어떤 콘드라이트에서는 이 구별이 확실치 않다. 여러 가지로 조사해보면 어느 콘드라이트나 처음에는 분명한 구조를 가지고 있었으나 콘드라이트가 후에 받은 열변성작용(熱変成作用)으로 바탕과의 구별이 확실치 않게 됐다는 것을 알 수 있다. 또한 레나조 콘드라이트에서는 콘드룰 중의 철은 금속 상태에 있고 대개 산화돼 있지 않다. 이에 대해 변성도가 큰 콘드라이트의 콘드룰일수록 다량의 산화된 철을 함유하고 있다.

이런 일이 생기는 것은 열변성작용으로 콘드라이트 바탕 중의 산화된 철이 콘드룰 속으로 옮아갔기 때문일 것이다. 확산으로 이러한 이동이 일어나는데 필요한 시간을 추정해보면 500℃에서 1000만 년, 900℃에서는 1000년이 돼 그렇게 이상하지도 않다. 즉 열변성작용으로 일반 콘드라이트에서는 물질 A와 물질 B의 구별이 분명하지 않게 된 것이다.

이에 대해, 이를테면 레나조 콘드라이트는 아마도 한 번도 운석 모체 속으로 들어간 적이 없는 소위 이단적인 콘드라이트일 것이다. 운석 모체 속으로 들어가지 않으면 열변성작용도 일어나지 않고, 따라서 콘드룰과 바탕과의 구별이 언제까지나 분명한 것으로 있게 된다. 이러한 이단적인 콘드라이트의 수가 적은 이유도 앞에서와 같이 생각하면 이해가 된다.

이거야말로 콜럼버스의 달걀과 같은 일이지만 우드가 콘드룰과 바탕의 구별이 분명한 레나조 콘드라이트를 보다 원시적인 콘드라이트라고 생각한 것은 지금 생각하면 정말로 이치에 맞는다. 열역학의 제2법칙이 나타내듯이 질서에서 무질서를 만드는 것은 가능하지만 무질서에서 질서를 만들 수는 없기 때문이다.

콘드라이트 이외의 에어콘드라이트, 운철, 석철운석 등이 만들어진 것은, 아마도 지금 우리가 더듬고 있는 운석 모체의 시기에 일어났을 것이다. 즉 가열이 특히 극심했던 운석 모체 내에서는 우선 철의 용해가 일어났고, 이것이 운석 모체의 중심부로 빠져들어가 지구의 핵과 닮은 것을 만들었을 것이다. 그리고 이것이 운철의 모체가 됐다.

한편 녹는점이 낮은 규산염광물이 녹아 운석 모체의 표면으로 떠올라가 지구의 지각과 닮은 것을 만들었다. 아마 이것이 에이콘드라이트의 모체일 것이다. 석철운석은 지구에서 말하면 핵과 맨틀의 경계면에 해당하는 부분에서 만들어졌을 것이다. 이렇게 여러 가지 운석이 나왔다. 지금은 단지 운석 모체의 충돌과 분열을 기다릴 뿐이다.

운석은 소행성대에서 왔다

앞에서 반복해 말했듯이 운석 모체의 크기는 소행성 정도인 듯하다. 만약 그렇다고 하면 운석의 근원을 소행성대에서 구하는 것은 당연하다. 다음에 우선 이 생각이 실험 사실과 모순이 되는지 밝혀보자.

지구에 대한 운석의 상대적 속도는 그 궤도요소로 결정되고, 따라서 그 근원이 어디에 있는가 알려주는 좋은 자료가 된다. 예를 들어 운석의 근원이 달에 있다고 하면 지구에 대한 운석의 상대적 속도는 초속 5~8km가 된다. 이에 대해 운석의 근원이 소행성대에 있다고 하면 지구에 대한 운석의 상대적 속도는 초속 15km 정도가 된다. 유감스럽게도 운석의 지구에 대한 상대적 속도는 그다지 정밀하게는 나와 있지 않다. 그러나 통계적 연구로 그 평균값을 구할 수는 있다. 이렇게 얻은 값은, 예를 들면 초속

12.0(25), 18.0(66), 8~16(116)km가 된다. 이 값은 각각 다른 연구자가 얻은 것이고 괄호 속의 숫자는 통계에 이용한 운석의 수를 표시한다. 그다지 확실한 결과는 아니지만 앞의 결과는 운석의 근원으로서 달보다 오히려 소행성대가 적당하다는 것을 나타내고 있다.

운석궤도의 단경(短徑)과 편평률(扁平率)도 또한 그 근원을 밝히는 데 좋은 자료가 된다. 유감스럽게도 광학적(光學的)으로 궤도요소가 결정된 운석은 1964년까지 단 하나밖에 없었다. 이 운석의 궤도는 분명히 소행성대를 말한다. 또 이 운석의 지구에 대한 상대적 속도는 초속 16.9km로, 이것 또한 이 운석의 근원이 소행성대에 있다는 것을 나타내고 있다.

궤도의 변화

소행성대는 화성의 궤도와 목성의 궤도 사이에 있다. 이 소행성대에 있는 소행성의 파편이 지구에 부딪치기 위해서는 그 파편은 소행성대의 궤도에서 지구를 횡단하는 궤도로 옮겨와야만 한다. 이러한 변화는 어떻게 일어나는 것일까. 소행성끼리 충돌한 반동으로 이러한 일이 일어난다고는 생각할 수 없다. 생각할 수 있는 단 한 가지는 화성의 인력에 기인한 섭동(攝動, perturbation: 어떤 천체의 평형 상태가 다른 천체의 인력으로 교란되는 것)으로 문제의 소행성의 파편 궤도가 점점 변화해, 드디어 지구를 횡단하는 궤도가 되는 것이다.

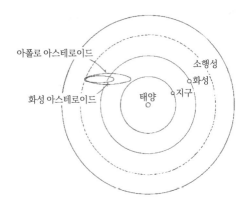

<그림 19> 화성 아스테로이드와 아폴로 아스테로이드의 궤도

그 도중에 소행성의 파편은 우선 화성의 궤도를 횡단하는 궤도로 옮겨 갈 것이다. 이미, 화성의 궤도를 횡단하는 궤도를 타고 있는 소행성이 있으면 그것은 이런 의미에서는 정말로 안성맞춤인 소행성이다. 실제로 그러한 소행성이 있어, **화성 아스테로이드**라 불린다. 화성 아스테로이드보다도 더욱 지구를 횡단하는 궤도로 다가왔다고 생각되는 소행성도 있으며, **아폴로 아스테로이드**라 불린다(그림 19).

흥미로운 건 운석의 궤도요소에 대해 얻어진 통계적 결과와 아폴로 아스테로이드의 결과가 매우 비슷한 것이다. 어쩌면 화성 아스테로이드와 아폴로 아스테로이드는 지구에 다다른 운석의 모체가 충돌한 후 남은 큰 파편일지도 모른다.

소행성에 대해서는 1920년대부터 30년대에 걸쳐 일본의 히라야마 박사가 한 유명한 연구가 있다. 그 결과에 의하면 소행성은 궤도요소가 비슷한 몇 개인가의 패밀리(family, 족), 또는 그룹으로 나뉜다. 예를 들면 화성 아스테로이드의 대부분은 히라야마의 패밀리 5, 29, 30 및 31에 속한다. 이것은 소행성이 그 모체의 충돌과 분열로 만들어졌다는 것을 암시하고 있다. 이것이야말로 실로 모든 운석학자에게 있어서 복음(福音)이라 하지 않을 수 없다.

운석 모체의 분열

운석이 그 모체의 충돌과 분열로 만들어졌다고 하는 증거가 또 다른 곳에 남아 있지 않을까. 실은 그러한 증거가 남아 있다. 앞에서 우리는 운석의 고화연령과 기체보지연령에 대해 말했다. 여기서 운석의 또 하나의 연령 즉, 우주선조사연령(宇宙調査年齡)에 대해 언급할 수밖에 없다. 운석이 우주 공간을 떠돌고 있는 동안 우주선이 이것에 충돌한다. 우주선의 대부분은 큰 에너지를 가진 수소 원자핵의 양성자다. 이 양성자가 운석에 충돌해 그 표면 근처에 있는 무거운 원소의 원자핵을 파괴한다. 무거운 원소의 원자핵은 산산히 흩어지고 가벼운 원소의 원자핵이 형성된다. 이런 반응을 **스포레이션**이라 부른다.

이렇게 형성된 가벼운 원자핵 속에 헬륨3(^{3}He), 네온21(^{21}Ne), 아르곤38(^{38}Ar)과 같은, 지상에서는 그다지 발견되지 않는 동위원소(同位元素)가 있다. 현재의 우주선 강도(強度)에서 이들의 원소 생성률이 어느 정도인가 하는 것이 계산된다. 이것과 운석 중에서 실제로 발견되는 이들 동위원소의 함량에서부터 운석이 우주 공간을 날아, 우주선을 받고 있던 시간이 계산된다. 이렇게 측정된 시간을 운석의 **우주선조사연령**이라 한다.

우주선조사연령의 보다 구체적인 의미는 운석의 새로운 표면이 만들어지고 나서 현재까지의 시간이다. 우주선의 의한 스포레이션은 운석 표면 수십cm 정도에 한하고, 그보다 내부에는 미칠 수가 없다. 운석에 따라서는 두 가지 이상의 우주선조사연령을 가지고 있는 것도 있다. 이것은 운석의 이 부분이 2회 이상의 충돌과 분열을 경험한 것을 의미하는 것이다.

흥미 있는 것은 지구상에서 발견된 운철의 약 반이 5 내지 6억 년 이상의 조사연령을 가지고 있는 것이다. 또 석질운석의 반 이상을 차지하는 하이퍼신 콘드라이트의 대부분이 5.2억 년이라는 조사연령을 가지고 있다. 아마 이 두 가지 조사연령은 서로 관계가 있어 지금으로부터 5 내지 6억 년 전에는 상당히 큰 운석 모체의 분열이 일어났음을 의미하는 것이다.

다이아몬드의 수수께끼

운석 중에는 종종 다이아몬드가 함유돼 있다. 이러한 운석의 예로 잘 알려진 것은 1886년 시베리아에 떨어진 운석이 있다. 이 해 10월 10일 아침 노브유레이 마을의 농부들은 하늘 한쪽이 갑자기 밝아지고, 큰 소리와 함께 두 개의 불덩이가 떨어지는 것을 보았다. 놀란 그들은 정신을 되찾은 후 주위를 찾아 돌아다니다가 크고 작은 두 개의 석질운석을 발견했다.

큰 것은 무게가 2kg이나 되며, 후에 상트페테르부르크(현재의 레닌그라드) 박물관으로 옮겨갔다. 그리고 그 운석 중에 다이아몬드가 1%나 함유돼 있는 것을 알아냈다. 작은 운석은 미신을 믿는 농부들이 먹어버렸다고 한다.

또 하나의 예로서 미국의 북애리조나주에 있는 유명한 운석구덩이 주변에서 발견된 운석 파편이 있다. 이 운석구덩이는 지금으로부터 2만 년 정도 전에 운석이 지구에 충돌해 생긴 것으로 그 직경이 1,300km, 깊이 175m나 된다. 이 운석구덩이를 만든 운철의 반경은 30 내지 40m, 질량은 200만t, 즉 2×10^{12}g 정도라 생각된다(그림 20).

이러한 운석 속의 다이아몬드가 언제, 어떻게 만들어졌는가 하는 것은 매우 흥미롭다. 다이아몬드가 운석끼리의 충돌과 지구와의 충돌 이전에 이미 운석 속에 있었다고 하면, 그것은 운석 모체 중에서 만들어진 것임에 틀림이 없다(그림 21).

이러한 운석 모체로서는 달 정도의 크기가 요구된다. 다이아몬드가 충돌로 만들어졌다고 하면 그 충돌이 운석끼리의 충돌이었는지, 또는 운석과 지구와의 충돌이었는가 하는 것 또한 흥미의 초점이 된다.

어느 것이든 다이아몬드가 충돌로 만들어졌다고 하면 운석 모체로서는 그다지 클 필요가 없다. 반경 200 내지 300km정도의 소행성 크기이면 된다. 운석 모체의 크기가 그중 어느 쪽이었는가 하는 것은 운석학(隕石學), 나아가서는 행성과학에 있어서 대단히 중요한 일이다.

〈그림 20〉 애리조나의 운석구덩이

〈그림 21〉 운석 속의 다이아몬드

앞에서도 말한 것 같이 현재 운석 속의 다이아몬드는 충돌로 만들어졌다고 하는 설이 유력하다. 여기서는 이에 대해 상세한 의론을 전개시켜 보기로 하자. 이에 따라 현대과학이 이러한 문제와 어떻게 맞서고 있는가 하는 것을 엿볼 수 있기 때문이다.

다이아몬드는 충돌에 의한 충격으로 만들어졌다

연구는 주로 애리조나 운석구덩이 주변의 운석 파편에 관해 이루어졌다. 문제 해결의 첫 실마리가 된 것은 다이아몬드를 함유하는 운석이 크레이터의 가장자리 부분에서 발견되고, 거기서 떨어진 평지에서 발견된 운석에는 다이아몬드가 함유돼 있지 않다고 하는 발견이었다. 이 발견이 있기 전까지는 하나의 운석 파편을 택해서 그것에 다이아몬드가 함유돼 있는지 어떤지를 예측하기가 매우 어려웠다. 조그만 운석 파편에 상당한 다이아몬드가 함유돼 있을 수도 있고, 이와 반대로 큰 운석 파편에 다이아몬드가 전혀 포함돼 있지 않을 수도 있었다.

또 하나의 발견은 다이아몬드를 함유하지 않은 평지 부분에서 채취한 운석 파편이 깨끗한 위드만스테텐 조직을 가지고 있는 데 대해, 다이아몬드를 함유하는 가장자리 부분에서 발견한 운석 파편에서는 이 조직이 뚜렷하지 않은 것이다. 이것은 운석 모체 내에서 위드만스테텐 조직이 형성된 후 운석이 또 한 번 열을 받아 조직이 파괴된 것을 암시하고 있다.

좀 더 상세히 조사해보면 다음과 같은 것을 알 수 있다. 다이아몬드를 함유하지 않은 운석에는 운석 중의 카마사이트가 깨끗한 단결정(單結晶)을 하고 있는데 다이아몬드를 함유하는 운석에서는 카마사이트의 결정이 작고 다결정질(多結晶質)이다. 단결정의 카마사이트에서 이러한 다결정질의 카마사이트를 만드는 데는 문제의 표본을 한 번 가열하고 다시 식히면 된다.

카마사이트의 니켈 함유에 따라 결정되는 어느 온도를 넘어서 카마사이트를 뜨겁게 하면 카마사이트는 태나이트가 된다. 그것을 또 한 번 식히면 카마사이트로 되돌아가는데 이때 다결정질의 카마사이트가 만들어진다. 이러한 다결정질의 카마사이트를 만들기 때문에 다이아몬드를 함유한 운석 파편에서는 위드만스테텐 조직이 그다지 분명하지 않을 것이다.

충격의 증거

다이아몬드를 함유하는 운석이 충격으로 뜨거워졌다고 하는 또 하나의 증거가 있다. 운석 중에서는 얇은 널판 모양을 한 철카바이드가 발견된다. 다이아몬드를 함유하지 않는 운석에서는 이 카바이드와 카마사이트 사이의 경계가 분명하다. 그러나 다이아몬드를 함유하는 운석에서는 이 경계가 분명하지 않다. 그 이유는 다음과 같다.

카바이드는 카마사이트에는 녹아들어가지 않지만 태나이트에서는 조금 녹아들어간다. 그래서 카마사이트를 함유하는 운석이 열을 받아 카마사이트가 태나이트로 변하면, 카바이드가 여기에 조금 녹아들어가게 되는 것이다. 이윽고 온도가 내려가 카바이드가 카마사이트로 돌아가면 이때 온도의 하강 상태에 따라 카바이드와의 경계 부분에 세 가지의 다른 상태가 나타난다. 이 때문에 경계가 분명하지 않게 되는 것이다.

온도의 하강 상태가 느린 경우, 경계는 카마사이트와 카바이드의 혼합물을 함유한다. 냉각에 요하는 시간이 수 분 정도로 짧은 경우 경계는 오스테나이트라는 철과 탄소의 합금(合金)을 함유한다. 냉각에 요하는 시간이 2분보다 짧은 경우, 경계는 마르텐사이트라는 철과 탄소의 합금을 함유한다. 그런데 다이아몬드를 함유하는 운석에서는 카바이드 주위에 마르텐사이트가 나타나고 있다. 따라서 냉각에 요하는 시간이 2분보다 짧은 것이 된다.

다이아몬드를 함유하는 운석에서는 또 대단히 큰 온도구배(溫度勾配)와 온도의 역전이 관측되고 있다. 큰 온도구배란 운석의 내부에서 불과 얼마 떨어지지 않는 곳에서 온도가 크게 다른 것을 말한다. 또 온도역전이란 운석 내부가 고온이고, 외부가 저온인 것 같은 온도분포를 말한다. 모두 운석이 충격을 받았다고 생각하면 쉽게 이해되는 현상들이다.

인공적 충격을 이용한 연구

이러한 연구를 하는 경우, 운석이 받은 충격의 크기에 대해 어떤 기준을 두는 것이 바람직하다. 거기에는 충격을 받고 있지 않는 운석에 인공적 충격을 주고, 일어난 변화를 현미경하에서 조사해서, 충격을 받고 있는 운석과 비교하면 된다. 최근 강력한 화약을 이용한 인공적 충격을 만드는 연구가 진행되고 있다. 충격에 의한 압력이 어느 정도인가를 결정하는 방법도 고안되고 있다.

이러한 연구로 운석이 받은 충격을 다음의 세 가지로 분류할 수 있다. 첫째는 충격에 의한 압력이 75만기압을 넘는 경우로서, 이 경우에는 표본 중의 카마사이트가 전부 재결정(再結晶)돼 있다. 즉 표본의 모든 부분에 걸쳐 카마사이트가 한번 태나이트로 변하고, 다시 카마사이트로 되돌아가 있다.

둘째는 13만기압 이상 75만기압 이하의 압력을 받은 경우로서, 이 경우에는 표본의 한정된 부분에서만 카마사이트가 재결정돼 있다. 또 표본을 부식시켜 보면 카마사이트가 불과 얼마 안 되는 짧은 시간만 입실론철로 변한 것을 알 수 있다. 입실론철이 되기 위해서는 13만기압 이상의 압력이 필요한 것이다.

셋째는 13만기압 이하의 압력을 받은 경우로 입실론철을 함유하지 않는다. 이것들은 각각 대, 중, 소 압력을 받은 표본 또는 운석이라 해보자.

이러한 압력의 기준을 만들어서 또 한 번 애리조나 운석구덩이의 주변에서 채취한 운석 파편을 보자. 그 결과 다이아몬드를 함유한 운석의 파편은 중간 정도 또는 큰 압력을 받은 것을 알 수 있다. 또 큰 압력을 받은 운석 파편이 크레이터 가장자리 부분에서, 작은 압력을 받은 운석 파편이 평야 부분에서 발견되는 것을 알 수 있다. 이에 대해 중간 정도의 압력을 받은 운석 파편은 가장자리 부분에서도, 평야 부분에서도 발견되고 있다.

애리조나 운석구덩이의 수수께끼 풀이

애리조나 운석구덩이를 만든 운석의 원래 질량이 200만t 정도라는 것에 대해서 앞에서 말했다. 그런데 현재까지 애리조나 운석구덩이 주변에서 발견된 운철 조각을 전부 모아도 그 무게는 30t도 안 된다. 여기에 셸 볼이라는 산화물의 조각을 첨가해도 그 무게는 2,000t 정도다. 이것은 200만t이라는 원래 무게의 0.1%에 지나지 않는다. 도대체 원래 운석의 대부분은 어디로 사라진 것인가. 또 요행히 남은 것은 원래 운석의 어느 부분인가 (그림 22).

운석이 우주 공간을 떠돌고 있는 동안에 우주선의 조사를 받아 헬륨3 같은 가스가 생기는 것에 대해서는 설명했다. 그러나 우주선은 운석의 깊

〈그림 22〉 애리조나 운석구덩이의 수수께끼

은 부분까지는 스며들 수가 없기 때문에 헬륨3의 생산은 운석 표면에서만 한정된다. 반대로 운석 파편 중의 헬륨3의 함량을 조사해서, 이 운석 파편이 원래 운석의 표면에서 어느 정도의 깊이에 있었는가를 결정할 수 있다. 애리조나 운석구덩이 주변의 운석에 관해서 이러한 연구로 다음과 같은 결과가 얻어졌다.

대부분은 증발

첫째로 여기서 발견된 모든 운석 파편이 원래의 운석 표면에서 2m 이내의 깊이에 있었던 것을 알 수 있다. 더욱 자세히 조사하면, 크레이터 가장자리에서 발견된, 즉 큰 충격을 받은 운석 파편은 원래의 운석 표면에서 1m 이상 깊은 곳에 있다. 또 평야에서 발견된, 즉 그다지 충격을 받지 않은 운석 파편은 표면에서 1m 이내의 깊이에 있었던 것을 알 수 있다. 결국, 원래 운석의 내부에 있었던 것일수록 큰 충격을 받고 있는 것이다.

따라서 원래 운석의 표면에서 2m보다 깊은 부분에 있었던 물질은 충격에 의한 높은 온도 때문에 증발해버린 것이다. 이렇게 지금은 이미 사라져버린 운석의 내부에서는 1,000만기압을 넘는 압력이 만들어졌다고 생각된다.

애리조나 운석의 경우에는 그 표면에서 2m 이내 부분의 총량은 5만t이 된다.

그 4%에 해당되는 2,000t만이 애리조나 운석구덩이 주변에서 회수된 것이다. 이 4%는 원래 운석의 후단 근처 부분이었다고 생각한다. 그것은 다음과 같은 이유에 의한다. 운석이 지구에 충돌하면 운석의 전단부가 압축돼 이곳에서 충격파가 발생한다. 충격파는 운석의 내부를 지나 후단으로 나아간다. 충격파가 너무 많이 지나간 운석 부분에서는 높은 압력과 온도가 지배한다.

이윽고 후단부에서 반사파가 되돌아온다. 이 반사파가 너무 많이 통과한 운석의 부분에서는 압력과 온도가 낮아진다. 그러나 실제 운석은 그 모양이 불규칙하기 때문에 이보다 훨씬 복잡한 일이 일어난다. 그렇게 복잡한 압력과 온도 분포가 운석 내부에서 생긴다. 이 경우 운석 후단부의 끝머리 부분에서는 압력과 온도가 낮아지고 공간으로 흩어져버리는 것을 피할 수 없기 때문이다.

운석이 폭발할 때는 당연히 표면에서 가까운 부분부터 먼저 날아간다. 이 무렵은 아직 폭발력이 강하기 때문에 폭발한 운석의 조각은 폭발 중심부에서 먼 곳으로 흩어진다. 이렇게 충격을 그다지 받고 있지 않는 운석 파편이 평야 부분에 모이게 될 것이다. 이윽고 좀 더 내부의 운석 파편이 흩어질 무렵에는 폭발력이 아주 쇠퇴돼 그 조각은 그다지 먼 곳까지 가지 않는다. 이렇게 강한 충격을 받은 운석 파편이 크레이터 가장자리 부분에 모이게 될 것이다. 보다 내부의 증기로 된 부분은 공간으로 흩어져버린다.

애리조나 운석의 파편에 관해 그 조사연령(照射年齡)을 조사하면 5억 4000만 년, 1억 7000만 년, 1500만 년이라는 세 가지의 다른 연령이 얻어진다. 이것으로 생각하면 애리조나 운석의 역사는 매우 복잡하다. 우선 5억 4000만 년이라는 조사연령은 운석 모체가 충돌해서 분열된 때를 나타내는 것일 것이다. 그래서 매우 큰 운석이 만들어졌다. 이 운석이 지금으로부터 1억 7000만 년 전과 1500만 년 전에 제2, 제3의 충돌을 경험해 점점 작은 운석이 됐다. 그리고 지금으로부터 2만 년 전에 그 파편의 하나가 지구와 충돌해서 찬란한 최후를 마치게 된 것이다.

시베리아 운석에서는?

이렇게 애리조나 운석의 수수께끼를 풀었다. 그래서 운석 파편의 내부에 존재하는 다이아몬드가 운석과 지구의 충돌로 생긴 충격 때문에 생긴 것이라는 게 분명해졌다. 그러면 1886년 발견된 시베리아 운석 내부의 다이아몬드도 똑같이 만들어진 것일까. 답은 '아니요'다.

이 운석은 그 크기도 작아 이것이 지구에 충돌했을 때의 속도도 작았었다고 생각된다. 따라서 이것이 지구에 충돌했을 때에도 다이아몬드를 만들 정도의 높은 압력은 생기지 않았다. 그러나 이 운석도 또한 충격을 받은 흔적이 남아 있다. 이를테면 이 운석 중의 다이아몬드는 단결정이 아니고, 결정질이라는 미세한 알갱이들 수백만이 모여서 이루어져 있다. 그리고 하나의 다이아몬드 입자 중의 결정질은 어떤 규칙적인 배열을 하고 있다. 이 두 가지가 충격으로 생긴 다이아몬드의 특징이다.

아마 이 운석이 공중을 비행하고 있는 동안 다른 운석과 충돌했을 때의 충격에 의한 것일 것이다. 최근에는 흑연에 인공적인 충격을 가해서 다이아몬드를 만드는 것이 이뤄지고 있다. 이렇게 만들어진 다이아몬드도 여기에 서술한 것과 같은 특징을 나타내고 있다.

제4장

지구의 역사

앞 장에서 서술한 지구가 콘드라이트의 집합에서 출발해
그 역사가 시작됐다는 생각은 지구의 '저온기원설'에 속한다.
이 저온기원설과 더불어 '고온기원설'이 있는데 지난날까지는
오히려 고온기원설이 유력했었다. 그래서 고온기원설에 경의를 표하며
우선 이 설에 따른 지구의 역사를 알아보자.
여기서 이야기는 되돌아가 지구의 '저온기원설'에 미치게 된다.
저온기원설에서는 지각, 핵, 대기, 바다는 모두 지구가 태어나고 나서
비로소 생긴 것이다. 그리고 시간이 지남에 따라 성장했다. 이 경우
녹은 철과 마그마가 녹아 있지 않은 고체의 맨틀 속을 운동하는 메커니즘이
문제시된다.
지구의 역사를 '저온기원설'에 입각해 더듬어 나갔음은 여러 가지
증거가 돼 남아 있다. 이 장에서는 그중 두세 가지에 관해 서술하기로 한다.

고온기원설

고온기원설에 의하면 지구는 최초에 고온 가스의 집합체였다. 지구가 태양에서 떨어져 나왔다고 생각하면 이 가스의 온도는 태양의 표면 온도인 6,000℃에 가까울 것이다. 이윽고 냉각으로 액화와 고체화가 일어났다. 이 경우 오래될수록 단단한 지구를 만든 성분이 우선 액화할 것이다. 대기와 해양에 해당하는 성분은 오랫동안 가스로서 남았다. 최초에 전부 가스였던 물이 액화할 때는 굉장한 비가 지구에 퍼부어졌을 것이다. 아직 빨갛게 달아올라 있는 지표에 퍼부은 비는 곧 증발했고 하늘이나 땅은 굉장한 활동무대가 됐다. 그러나 이윽고 바다나 하늘은 마침내 일정한 자리를 차지하게 됐다.

바다와 하늘만이 아니라 현재의 지구로 간주되는 지각, 맨틀, 핵과 같은 성층구조(成層構造)도 지구가 아직 액체 상태였을 때 만들어졌을 것이다. 즉 무거운 철과 니켈이 지구 중심으로 가라앉아 핵을 만들었다. 한편 규산이 풍부한 가벼운 성분이 떠올라 지각을 만들었다.

요컨대 고온기원설에서 바다, 대기, 지각, 맨틀, 핵과 같은 지구의 기본적인 구조는 그 역사의 초기에서 이미 만들어져 있었던 것이다.

그다음부터는 단지 자세한 수정이 가해졌을 뿐이다. 즉 맨틀이 아래쪽부터 고체화하기 시작한다. 고체화는 상당한 속도로 진전됐을 것이다. 핵도 또한 그 중심부부터 단단해지기 시작했다. 그러나 이미 고체화된 맨틀로 둘러싸여 있기 때문에 열이 제거되는 양이 적어 고체화는 매우 천천히 이뤄졌다. 그 때문에 핵 외측의 대부분은 현재도 아직 녹은 채로 있다. 맨틀의 고체화가 끝나자 그 뒤부터는 열전도(熱傳導)에만 의지해 지구가 냉각한다. 즉 지구의 고온기원설에서 지구의 활동은 초기 무렵에 대단히 강렬했고, 그 후는 급격히 쇠퇴한 것이다.

저온기원설과 초기의 발열

위에서 말한 지구의 고온기원설에 대해 우리는 앞에 얘기한 운석 모체와 비슷한 역사를 지닌 지구의 저온기원실을 취하기로 한다.

지구의 저온기원설에서 지구는 현재 우주 공간에 흩어져 있는 우주진(宇宙塵)과 같은 것이 모여서 형성됐다고 생각하고 있다. 이것을 더욱 구체적으로 말하면 물질 A와 B의 혼합물이다. 또한 단순히 이것을 콘드라이트 물질이라고 해도 된다.

우주 공간에서의 온도는 –200℃ 정도다. 따라서 지구를 만든 콘드라이트 물질도 최초에 이 정도의 저온에서 출발했다고 생각된다. 콘드라이트 물질에서 출발해 원시지구가 만들어질 때까지 1억 년 정도의 시간이 경화했다고 생각된다. 이 1억 년 사이에 여러 가지 원인으로 온도가 상승했다.

우선 첫째로 우주 공간에서 흩어져 있던 콘드라이트 물질이 원시지구에까지 집합됨으로써 온도가 상승했다. 위치에너지가 해방돼 열로 변한 것이다. 둘째로 한데 모인 콘드라이트 물질의 위에 있는 부분이 아래 있는 부분을 압축함으로써 열이 발생한다. 자동차의 공기펌프 발열에서 나타나는 이른바 단열압축(斷熱壓縮)에 의한 발열과 같다.

셋째로 방사성물질에 의한 발열이 있다. 우라늄, 칼륨40과 같이 반감기(半減期)가 긴 방사성물질은 1억 년 정도 동안에는 그다지 많은 양의 열을 방출하지 않는다. 그러나 콘드라이트 물질이 모여서 원시지구가 만들어질 무렵에는 지금은 이미 없어진 반감기가 짧은 방사성물질이 남아 있었던 것으로 생각된다. 이러한 방사성물질은 반감기가 짧은 만큼 짧은 시간 내에 다량의 열을 발생한다.

이상의 세 가지 원인에 의한 온도 상승이 극단적으로 커진 경우에는 비록 저온의 콘드라이트 물질로부터 출발했어도 원시지구가 완성될 무렵에는 이미 그 원시지구가 녹을 정도의 고온에 달해 있을지도 모른다. 이렇게 되면 저온기원설과 고온기원설의 실제 구별이 어렵게 된다.

핵과 지각의 생성

그러나 온도 상승이 이처럼 극단적이라고 생각되지는 않는다. 그렇다고 하면 원시지구는 콘드라이트 물질이 모여서 된 보통 고체의 구(球)였다는 것이 된다. 즉 지각이나 맨틀, 그리고 핵과 같은 지구의 성층구조는 아직 만들어져 있지 않았다. 그리고 지구를 둘러싼 대기와 해양도 아직 만들어지지 않았다. 정말로 표정이 빈약한 지구였던 것이 된다.

그러나 이윽고 지구 내부의 우라늄, 토륨, 칼륨40과 같은 반감기가 긴 방사성원소가 지구를 데우기 시작했다. 원시지구가 형성되고 10억 년이나 지나자 우선 지구 내부의 철분이 녹기 시작했다. 지구 내부에서는 철의 녹는점이 암석의 녹는점보다도 낮다.

이렇게 녹은 철은 무겁기 때문에 지구 중심부로 가라앉아 핵을 만든다. 현재의 핵 내에 니켈과 규소가 있다고 하면 그것은 이때 철과 함께 운반돼 지구 중심부로 가라앉은 것이다. 한편 맨틀에 남은 부분은 감람암과 비슷한 것이다.

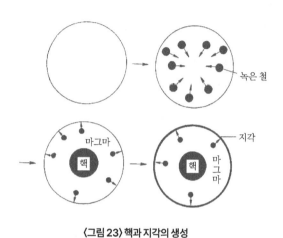

⟨그림 23⟩ 핵과 지각의 생성

철이 지구 중심부로 가라앉으면 위치에너지가 해방돼 그에 상당하는 만큼의 열이 발생한다. 이 열과 방사성물질에 의한 계속적인 발열이 섞여, 이윽고 감람암의 성분 중에서 녹기 쉬운 부분이 녹게 된다. 최초로 녹은 성분은 규산이 풍부한 현무암이나 화강암질의 것이다. 이들 성분은 밀도가 작아 지구 표면으로 떠올라 지각을 형성한다. 우라늄, 토륨과 같은 방사성원소는 이러한 가벼운 성분과 화학적으로 결합되기 쉽다. 따라서 가벼운 성분이 녹아 떠오를 때 방사성물질도 함께 운반돼 지각으로 이동한다. 즉 이때 지구 내부의 열원이 맨틀을 떠나 지표 가까이로 이동하는 것이다. 이것은 콘드라이트 일치에서 서술한 사실과 잘 조화되고 있다. 열원이 표면 가까이로 이동하면, 그 이후 지구의 냉각 속도는 얼마간 빨라진다. 지구가 전면적으로 녹아버릴 운명을 피할 수 있는 것은 아마도 이 때문일 것이다(그림 23).

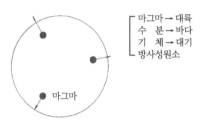

마그마 → 대륙
수　분 → 바다
기　체 → 대기
방사성원소

마그마

〈그림 24〉 지구 성분의 분화

콘드라이트 물질의 내부에 있던 수분과 가스도 가벼운 성분과 함께 운반돼 표면으로 스며 나온다. 이 중 수분이 모여 바다를 만들고, 가스가 모여 대기를 만든 것이다. 즉, 저온기원설에 의하면 바다나 대기는 오랜 시간에 걸쳐 지구 내부에서 스며 나온 것이 된다(그림 24).

이상 서술한 것이 저온기원설에 입각한 지구 역사의 개요다. 다음에 여러 가지 증거에 비추어 이 개요가 기본적으로는 틀리지 않았다는 것을 설명하고 싶다. 그러나 그 전에 한 가지 더 말해둘 중요한 문제가 있다.

고체 속을 이동하는 액체

앞에 서술한 바와 같이 철이 녹을 때 그 주위의 암석 성분은 아직 고체인 채였다. 또 암석의 성분 중에서 녹는점이 낮은 것이 녹을 때에도, 나머지 녹는점이 높은 암석의 성분은 녹아 있지 않았다.

이를테면 철의 경우 녹은 철이 그 무게 때문에 지구 중심부로 가라앉는 방식이 문제인 것이다. 녹은 철의 무거운 액체가 그보다 가벼운 암석의 액체를 통과해서 가라앉는다면 문제는 없다. 그러나 여기서 문제는 그것과 다르다.

고체인 암석에 파묻힌 액체 철이 어떻게 움직이는가 하는 것이 문제다.

최초에 콘드라이트 물질로부터 만들어질 때의 지구는 소위 조그만 입자의 집합이었다. 입자의 집합인 이상 이것을 잘 보면 어느 부분과 다른 부분에서 그 성분이 다르다.

그렇다고 하면 철분이 녹은 직후의 지구는 녹은 철의 액체로 채워진 조그만 구멍을 가득 가지고 있는 포도빵과 같았음에 틀림이 없다. 포도빵의 포도 부분이 액체인 철이고, 빵 부분이 고체인 암석인 셈이다.

그런데 여기서 어느 결에 하나의 구멍과 또 하나의 구멍이 연결됐다고 해보자. 예를 들어 두 개의 구멍이 작은 균열로 연결됐다고 생각하면 된다. 이 경우 보통 액체는 하나의 구멍에서 다른 구멍으로 이동한다. 두 개의 고무풍선을 머리끼리 연결했을 때 공기가 한쪽으로 이동하는 것과 같은 것이다. 이렇게 한쪽 구멍이 일그러지고, 다른 쪽 구멍이 커진다. 문제는 이 경우 어느 쪽 구멍이 커지고 어느 쪽 구멍이 일그러지는가 하는 것이다.

이때의 역학을 전개시켜 보면, 유체역학(流體力學)에서의 아르키메데스의 원리, 즉 부력(浮力)의 법칙과 같이 되는 것을 알 수 있다. 따라서 액체가 주위의 암석보다도 무거운 경우에는 지구의 중심에 가까운 쪽 구멍이 커지고, 먼 쪽의 구멍이 일그러진다.

액체가 주위의 암석보다 가벼운 경우에는 지구의 중심에서 가까운 쪽 구멍이 일그러지고, 먼 쪽 구멍이 커진다.

이렇게 앞에서 말한 액체인 철은 지구 중심을 향해 흘러들어가는 경향을 갖게 된다. 하나의 구멍이 다른 구멍을 합병하는 일이 계속돼 지구의 중심에서 가까운 곳에는 큰 액체철의 집합이 생긴다. 지구의 핵은 이렇게 만들어진 것이다.

마찬가지로 암석 중에서 녹는점이 낮은 성분의 액체로 채워진 포도빵 상태의 지구가 만들어진다. 두 개의 구멍이 연결되면 아래쪽 구멍이 일그러지고 위쪽 구멍이 커진다. 구멍은 하나둘 합병돼 가벼운 액체는 지구 표면으로 향한다. 이렇게 표면으로 나온 가벼운 액체가 고체화돼 지각을 만들었다.

방사성물질의 표면에로의 이동

앞에서도 말했듯이 아마도 이때 우라늄과 같은 방사성물질도 가벼운 액체와 함께 운반돼 지구 표면으로 이동했다. 무거운 우라늄이 위쪽으로 이동한 이유는 지각의 암석과 화학적으로 결합하기 쉽기 때문이다. 이것을 바꿔 말하면 다음과 같다.

우라늄 원자는 이상하게도 크다. 그래서 이렇게 큰 원자는 무거운 암석을 이루고 있는 원자의 틈으로 들어가는 것보다도 오히려 가벼운 암석을 이루고 있는 원자의 틈으로 들어가기 쉽다. 그것은 가벼운 암석을 이루고 있는 원자의 간격이 무거운 암석을 이루고 있는 원자의 간격보다도 크다는 단순한 이유 때문이다. 틈 투성이이기 때문에 가벼운 것이다. 따라서 우라늄 원자는 맨틀을 이루고 있는 무거운 암석보다는 지각을 이루고 있는 가벼운 암석 속으로 들어가려는 경향이 강한 것이다.

콘드라이트 물질로부터 지구가 만들어진 때에는 우라늄도 또한 지구 전체에 비교적 균일하게 분포하고 있었을 것이다. 이윽고 철이 녹아 핵을 만들었다. 그러나 우라늄은 철과는 화학적으로 결합되기 어렵기 때문에 핵 속으로 들어가는 일은 없었다. 마침내 녹는점이 낮은 암석 성분이 녹게 된다. 이렇게 녹은 가벼운 액체는 위쪽으로 향한다.

이 액체는 그 주변의 무거운 고체 암석의 새로운 부분과 끊임없이 접촉하면서 위로 향하는 것이다. 이때 우라늄은 주변의 무거운 암석에서부터 가벼운 액체 속으로 들어갈 것이다. 가벼운 액체의 집합체는 소위 우라늄으로 된 청소기 역할을 하는 것이다. 우라늄과 비슷한 다른 대형의 원자, 예를 들어 납, 금, 백금, 수은 등도 마찬가지로 지표면으로 운반될 것이다.

바다와 대기와 광상

가벼운 암석의 액체가 지구 표면으로 나왔을 때, 그것에 섞여 액화되기 쉬운 휘발성물질도 지표면으로 운반된다. 물, 가스, 비소(As)화합물, 수은화합물, 황 등이 아마도 이와 같이 표면으로 운반됐을 것이다.

그중 물이 바다를 만들고, 가스가 대기를 만들었다.

때에 따라서 가벼운 암석의 액체로 채워진 구멍과 무거운 철의 액체로 채워진 구멍이 연결되는 수가 있다. 가벼운 암석의 액체 구멍이 밑에 있고 무거운 철의 액체 구멍이 위에 있는 경우도 있었을 것이다. 이런 경우에는 가벼운 액체가 위쪽 구멍으로 이동하고 무거운 액체가 아래쪽 구멍으로 이동하려고 한다. 그 도중에서 두 액체는 엇갈린다.

이때 무거운 액체의 일부가 가벼운 액체 속으로 들어가는 일도 일어날 것이다. 약간의 무거운 액체가 섞여도 가벼운 액체에는 그다지 영향이 없다. 이렇게 핵으로 가야만 되는 철이 지표에서 나타나는 일이 생기게 된다.

마그마와 화산

가벼운 액체가 표면으로 운반되는 것은 아마 현재도 끝나지 않았을 것이다. 화산의 분출이나 지진의 발생이 그 증거일 것이다. 예를 들면 지진에는 700km나 되는 깊은 곳에서 일어나는 것이 있다. 그러나 700km보다 깊은 부분에 원래 있던 액체는 지금은 이미 지구 중심부에 모여 핵을 이루든가 또는 지구 표면으로 나와 지각을 이루든가, 이 둘 중의 어느 과정이 이미 지났을 것이다.

즉 700km보다 깊은 맨틀의 부분에는 이미 액체의 덩어리가 남아 있지 않을 것이다. 이것을 바꿔 말하면 700km보다 얕은 맨틀의 부분에는 아직 액체의 집합이 남아 있을 가능성이 있는 것이 된다(그림 25).

이렇게 지구 표면 근처에 있는 녹은 암석의 덩어리가 화산학자들이 말

〈그림 25〉700km의 깊이까지 화산의 근원인 마그마가 있다

하는 마그마일 것이다. 이 마그마 덩어리의 상부에 있는 암석에 균열이 생겨 이것이 지표면으로 통한다고 해보자.

이것은 소위 지표면과 마그마라는 두 구멍이 연결된 것으로 된다. 그렇게 되면 주위 암석의 압력으로 맨틀 덩어리에 있는 액체는 지표면으로 솟아오른다.

이것이 화산의 분출이다. 화산의 분출을 일으키는 데 필요한 틈은 현재 조산운동(造山運動)이 일어나고 있는 부분에서 생기기 쉽다. 화산이 습곡산맥(褶曲山脈)과 지진의 진원(震源) 분포와 깊은 관계를 나타내는 것은 이 때문이다.

마그마의 분출이 보다 조용하게 흘러나오는 수도 있다. 이 경우는 놀랄 정도로 대량의 용암이 분출된다. 예를 들어 인도의 데칸 고원을 만든 용암은 100만km²를 넘는 면적을 차지하며, 그 두께가 3km에 달한다. 물론 이러한 대량의 용암이 한 번에 분출된 것은 아니다. 몇 회에 걸쳐 분출된 것이다.

어쨌든 화산의 분출과 지진의 발생이 끝나지 않은 이상 지구 내부에 아직 가벼운 액체의 덩어리가 남아 있는 것만은 확실하다.

지구 내부의 온도

지구의 고온기원설에서는 지구의 역사 초기에 지구 전체가 녹아 있었다고 생각한다. 이에 대해 저온기원설에서는 지구는 차가운 상태에서 출발했으며 지구 전체가 녹은 시기는 한 번도 없었다고 생각하고 있다. 그러면 지구의 저온기원설에서 본 지구 내부의 온도분포는 어떻게 된 것일까.

외핵이 녹아 있는 것으로 보아, 이 부분의 온도가 철의 녹는점보다 높은 것은 분명하다. 한편 맨틀을 이루고 있는 암석은 녹는점이 각각 다른 광물로 이루어져 있다. 녹는점이 높은 광물과 낮은 광물의 녹는점의 차는 200~300℃로 생각된다. 그리고 맨틀의 현재 온도는 낮은 녹는점 광물의 녹는점과 같거나 이보다 약간 높을 것이다. 만약 그렇지 않으면 맨틀에 가벼운 액체의 마그마 덩어리가 존재할 수 없기 때문이다.

그러나 700km보다도 깊은 부분의 맨틀에서는 마그마의 덩어리가 없다는 것을 알고 있다. 그렇다고 하면 이 부분의 온도는 아마 낮은 녹는점을 가진 광물의 녹는점보다 낮을지도 모른다.

또 한 번 최초의 생각으로 되돌아가서 이 생각에 따르면, 가벼운 액체의 지구 표면을 향한 운동이 일어나기 위해서는 균열이 필요하다. 균열이라 해도 몇백 km의 깊이에서 갑자기 지표에 달하는 대규모의 균열이 필요한 것은 아니다.

가벼운 액체가 지표로 이동하기 위해서는 그때마다 하나의 구멍과 또 하나의 구멍을 연결하는 작은 틈이 만들어지면 되는 것이다.

대륙의 성장

이상은 지구의 저온기원설에 의한 경우 지구의 핵과 지각이 형성되는 구체적인 과정에 대해 생각해보았다. 여기서 본래의 문제로 되돌아가서, 지구의 저온기원설에는 지구의 핵, 맨틀, 지각과 같은 성층구조와 대기,

바다가 장기간에 걸쳐 이루어진 것을 주의해야 한다. 어쩌면 핵, 지각, 대기, 해양은 지금도 성장을 계속하고 있을지도 모른다. 그런데 지구 자신이 이러한 저온기원설에 유리한 증거를 몇 가지 우리에게 보이고 있다. 다음에 그것에 대해 서술하기로 하자.

우선 현재까지 발견된 지각의 암석 중에서 가장 오래된 것의 나이가 35억 년을 넘지 않는다는 사실이다. 이러한 암석의 나이는 방사성물질을 이용해 추정할 수 있다. 운석에 적용시키면 이것은 암석의 고체화연령이다. 즉 끈적끈적하게 녹은 암석이 지표에 나와 굳어지고 나서 현재까지 경과된 시간을 나타낸다.

35억 년 가까운 나이의 암석이 발견된 곳은 북유럽의 발트해 부근과 이 부근인 소련의 콜라반도, 아프리카의 남부, 오스트레일리아 서부, 캐나다 동부 등을 들 수 있다. 모두 지질학적으로 순상지(楯狀地)의 중심이다.

한편 지구의 나이는 45억이라 한다. 지각의 나이와 다른 지구의 나이란 무엇인가 하고 반문할지도 모른다. 뒤에 말하는 바와 같이 실은 지구의 나이에 대해서는 그 해석이 여러 가지로 나뉜다. 어쨌든 지구가 형성되고 나서 10억 년이 지나고 비로소 지각이 형성되기 시작했다는 것은 지구의 저온기원설에 있어서는 유리한 증거다.

한 가지 더 저온기원설에 유리한 증거가 있다. 그것은 각 대륙이 그의 중심부에서 주위로 성장해갔다고 하는 증거가 발견되는 것이다. 즉 각 대륙 내에서 서로 다른 부분의 지각 연령을 측정하면 중심부가 가장 오래된 것이고, 주변으로 가면 갈수록 젊어진다(그림 26).

예를 들어 북아메리카에서는 캐나다 순상지(楯狀地: 지질학적으로 지각의 가장 오래되고 안정된 부분)의 중심 부분이 가장 노령이고, 그 주위에 바로 수목의 나이처럼 북아메리카 대륙이 성장하고 있다. 가장 외측 부분의 나이는 수억 년 정도다. 이와 같이 대륙이 시간이 지남에 따라 성장한 것처럼 보이는 것은 지구의 저온기원설에 있어서는 대단히 유리한 증거다. 고온기원설에는 지각은 아직 지구가 만들어질 무렵에 형성됐다고 생각하는 것 외에 달리 방법이 없기 때문이다.

각 부분의 숫자는 그 부분의 지각 연령(단위 억 년)을 표시한다
〈그림 26〉 대륙의 성장

지구의 나이

여기서 지각의 나이와 다른 지구 연령의 의미에 대해 생각해보자. 지구의 고온기원설에서 보면 지구 연령의 의미는 꽤 확실하다. 즉 그것은 끈

적끈적하게 녹은 지구가 모두 단단해지고 나서 현재까지의 시간을 나타 낸다. 그러나 이 경우, 지구의 연령과는 다른 지각 나이의 의미가 확실치 않다. 이에 대해 지구의 저온기원설에는 지각의 나이가 나타내는 의미는 알 수 있으나 이것과는 다른 지구 연령의 의미가 불확실하다.

어떤 사람은 최초의 균일했던 지구가 핵과 맨틀로 분리되고 나서부터 현재까지의 시각이라고 생각하고 있다. 이 해석에 의하면 지구의 핵이 만 들어지고 나서 지각이 형성되기 시작하기까지는 10억 년이라는 시간이 경과한 것이다.

일반적으로 방사성물질을 이용해 측정된 나이는 그보다 후에 방사성 어미원소와 방사성딸원소가 생각하고 있는 계(系)에서 제거되지 않고 나 서부터 현재까지의 시간을 의미한다. 즉 닫힌계가 생기고 나서부터 현재 까지의 시간을 말한다. 이 정의에서 되돌아가 생각하면, 위에서 말한 생 각에서는 지구의 연령이란 실은 지구의 핵과 맨틀의 나이라는 것을 알 수 있다.

또 다른 시각에서는 지구의 연령이 균일한 상태의 원시지구가 형성되 고 나서 현재까지의 시간이라고 생각하고 있다. 그러나 이 생각에서는 콘 드라이트 물질이 모여 현재 정도 크기의 원시지구가 만들어짐과 동시에 방사능적으로 폐쇄된 계가 만들어진다는 것의 의미가 그다지 분명치 않 다. 크기가 커지면 계가 스스로 폐쇄된다는 것 같은 메커니즘을 생각해야 만 하기 때문이다.

앞에 말한 것 같이 지구의 연령이라는 것의 의미는 그다지 확실치 않다. 그럼에도 불구하고 지각의 나이와는 다른 지구의 연령이라는 것이 있고, 그것이 대개 45억 년 정도라는 것은 거의 확실한 사실이다. 게다가 이 지구의 나이는 앞에서 말한 운석의 고화연령과 대략 일치하고 있다.

따라서 이 45억 년 전이라는 시각은 우리 태양계에 있어서 어떤 의미로 기념해야만 하는 시각이다. 따라서 지각의 가장 오래된 부분의 탄생이 이 기념해야만 하는 때로부터 10억 년이나 후라는 사실이야말로 지구의 저온기원설에 있어서 정말로 유리한 증거다.

고온기원설 측에서 이 유리한 증거를 무너뜨리기 위한 방법은 단 한 가지밖에 없다. 그것은 45억 년의 나이를 가진 지각 부분을 찾아내는 일이다. 인간의 손이 닿지 않은 지구상의 어딘가에 45억 년의 나이를 가진 지각 부분이 있을지도 모른다. 또는 지각 깊숙한 부분 어딘가에 45억 년의 나이를 가진 암석이 있을지도 모른다.

45억 년의 나이를 가진 지각의 암석이 발견되면 이름 있는 지구 저온기원론자도 그 증거 앞에서는 무릎을 꿇을 수밖에 없을 것이다. 하늘과 바다의 기원에 관한 연구의 측면에서 본 지구의 저온기원설에 유리한 증거에 대해서는 다음 장에서 상세히 서술한다. 여기서는 그러한 것과는 빗나간, 그러나 저온기원설로는 유리한 증거 몇 가지에 대해 서술하기로 하자.

내부에서 운반돼 온 아르곤40

지구 대기의 99%는 질소와 산소가 차지한다. 나머지 1% 중 대부분은 아르곤이라는 비활성(非活性) 기체다. 아르곤에는 질량수 36, 38, 40의 세 가지 동위원소가 있다. 이 중에서는 아르곤40(^{40}Ar)의 비율이 압도적으로 높다. 99% 이상이 아르곤40이다. 그런데 이 아르곤40은 방사성인 칼륨40(^{40}K)의 붕괴로 생긴다. 그래서 다음과 같이 생각해보자.

지구가 형성된 때에는 대기도 바다도 없었다고 하자. 그러나 시간이 흐름에 따라 지구 중의 칼륨40이 붕괴해 아르곤40이 만들어졌다. 이렇게 만들어진 아르곤40은 그대로 지구 내부의 암석 중에 갇혔다. 그러나 지구 내부의 일부분이 녹아서 만들어진 마그마가 상승해서 지표에 도달해 화산을 만드는 수가 있다. 또는 지각 속에서 냉각돼 화성암(火成岩)을 만드는 수도 있을 것이다.

하여간 마그마로 된 물질에 함유돼 있는 아르곤만은 지표 근처까지 상승해서 마그마가 냉각, 고체화할 때 방출된다. 그것은 화산가스, 그 밖의 지하에서 나오는 가스의 성분으로 돼 대기에 섞일 것이다.

즉, 마그마가 돼 상승해서 지각을 만든 암석의 양과 그때 마그마와 함께 운반돼 이윽고 대기에 섞인 아르곤40의 양 사이에는 어떤 관계가 성립될 것이다. 즉 전자를 알 수 있으면 이것에서 후자가 계산된다. 전자로 지각의 총량을 추정하고 이것으로 대기 중에 방출된 아르곤40의 양을 계산해보자. 그것은 현재 지구 대기에 함유돼 있는 아르곤40의 총량과 거의 일치한다.

즉 아르곤40에 관한 한 대기 중에 있는 가스가 지난날에는 전부 지구 내부에 있었고, 그것이 마그마와 함께 지표로 운반돼 대기에 섞인 것이 된다. 그렇게 앞에서도 말한 것 같이 지각은 오랜 시간에 걸쳐 점점 성장하고 있다. 따라서 지구 대기도 이것과 비슷한 정도의 오랜 시간에 걸쳐 성장한 것이 된다. 이것은 지구 저온기원설의 입장에서는 대단히 이해하기 쉬운 것이다.

지구가 형성될 때 기체는 없었다

또 이러한 사실도 있다. 앞에서 말한 아르곤을 함유하는 헬륨, 네온, 크립톤, 크세논 등은 다른 어떠한 원소와도 화합하지 않은 단독의 기체다. 이것이 비활성 가스라 불리는 이유다. 그런데 이들 비활성 가스가 지구에 함유돼 있는 비율은 우주 전체의 평균적 비율이 100만 분의 1 이하다.

우주 전체를 평균하면 헬륨은 수소 다음으로 많은 원소다. 그것이 지구에서는 현저하게 결핍돼 있다. 단 위에서 말한 아르곤40만은 예외다. 그러나 이 경우에는 그 출처가 분명하기 때문에 예외로 인정해도 좋을 것이다.

어쨌든 이와 같이 기체로서 보다 다르게 존재할 수 없는 원소가 지구에 결핍돼 있는 것은 기체 상태인 원소가 완성된 지구에서 쫓겨나 지구가 거의 대기를 갖고 있지 않은 것을 의미한다. 이것은 그 무렵 지구의 표면온도가 이들 기체를 쫓아낼 정도의 고온이었기 때문일지도 모른다. 또는 태양 표면의 폭발로 태양 가까이 있는 원시행성에서 그 대기가 쫓겨났기 때문일지도 모른다. 어쨌든 지구가 탄생될 때에는 거의 대기를 가지고 있지 않았다는 것만은 확실하다.

그러나 여기에 이상한 일이 있다. 일반적으로 기체가 쫓겨나거나, 흩날리거나 할 때는 질량이 가벼운 기체일수록 쫓겨나기 쉽고 흩날리기 쉽다. 그런데 예를 들어 구리, 황, 염소, 물 등은 크립톤과 크세논보다도 분자량과 원자량이 작아 빠져나가는 속도가 빠르다. 그런데 이들 물질은 지구에서는 우주 평균에 비해 불과 조금밖에 미치지 못하는 정도다.

비활성물질과는 달리 이들 물질은 지구가 형성될 때 화합물을 만들어 고체 상태로 있었을 것이다. 또는 고체 중에 갇혀서 도망갈 수 없는 기체 상태에 있었을 것이다. 그리고 지구가 형성될 때에는 그 온도가 이들 고체를 녹이거나, 그 고체 중의 기체를 쫓아낼 정도의 고온은 아니었을 것이다.

즉 지구가 형성된 때는 기체가 거의 없고, 다만 고체의 덩어리만 있었다고 생각해야 한다. 그리고 지구의 대기와 바다는 지구가 형성된 후에, 그 내부 온도가 올라가서 내부에서 스며 나온 것일 것이다. 이것은 지구의 저온기원설의 입장에서는 매우 이해하기 쉬운 것이다.

제5장

하늘과 바다의 성장

우리를 둘러싼 대기와 바다는 어디서 온 것일까. 또 지구상에서
어떻게 생명이 탄생한 것일까.
이것들은 모두 사람의 마음을 자극하는 흥미 있는 문제다.
앞 장에서도 말한 것 같이 현대과학에서는 대기도 바다도 모두
지구 내부에서 천천히 스며 나온 기체와 수분으로 만들어졌다고
생각하고 있다. 이 '천천히'라는 점이 중요하다.
대기와 바다의 느린 성장은 지구의 저온기원설로 비로소
설명할 수 있는 것이기 때문이다.
이 장에서는 지구화학 및 생명의 발생이란 입장에서 대기와
바다의 생성 요인에 관해 논한다. 이 장에서 얻을 수 있는 결론도 또한
대기와 바다의 느린 성장, 즉 지구의 저온기원설을 지지하고 있다.

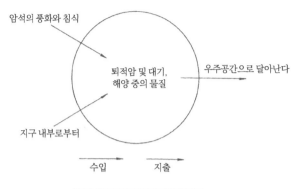

지구화학적 균형의 원리

지구화학이라는 학문의 분야가 있다. 지구 전체와 지각, 해양, 대기의 화학을 취급하는 학문 분야다. 이 분야에 지구화학적 균형의 원리라는 것이 있다. 그것은 어느 화학물질에 대해 또 어떤 지질학적 기간에 한정시켜 볼 때, 그 기간 내에 결정질 암석이나 퇴적암의 풍화와 침식으로 만들어진 화학물질 양에 지구 내부에서 화산가스나 온천에서 나온 처녀성 물질량을 더한 것이, 대륙이나 해저에 퇴적되는 그 물질의 총량에 대기나 해수중에 있는 물질과 우주 공간으로 사라지는 물질을 더한 양과 같다고 하는 원리다.

이 원리는 수입과 지출의 관계에 비유할 수 있다. 어떤 화학물질에 대해 눈여겨보면 풍화나 침식 또는 화산가스, 온천으로 만들어진 그 화학물질의 양은 수입에 비유할 수 있다. 이에 대해 대륙, 해저, 대기, 해수 중에 있는 그 물질의 양은 저금이라 해도 될 것이다. 또 우주 공간으로 사라지는 물질은 지출에 비유할 수 있다. 저금에 지출을 더한 것이 수입과 같다고 하는 것이 앞에 말한 원리다. 이것은 또 질량보존 법칙의 하나라고 생각된다(그림 27).

앞에서 말한 원리를, 예를 들면 규소, 알루미늄, 철과 같은 비휘발성 물질에 적용시켜보자. 지구 내부에서 화산가스나 온천으로 나오는 처녀성 물질과 현재 대기와 해양에 모여 있는 물질의 영향이 거의 무시되는 것을 알 수 있다. 즉 이들 물질에 대해서 지구화학적 균형의 원리는 어느 단위 시간 내에 풍화, 침식으로 만들어지는 물질의 양과 대륙과 해저에 퇴적되는 물질의 양이 같다는, 보다 간단한 이야기가도 된다.

설명되지 않는 물과 이산화탄소

그러나 예를 들어 물, 이산화탄소, 염소, 질소, 황 등 휘발성 물질에 대해서는 이런 식으로 해결되지 않는다. 루베이라는 사람이 이러한 추측을 하고 있다. 그의 추측은 지구화학적 균형의 원리를 지구가 형성되고 나서 지금까지의 전 기간에 적용한 것으로 생각해도 된다.

$10^{20}g$이라는 단위로 측정하면 현재의 대기 및 해양 중에 있는 물의 양은 14,600이 된다. 그리고 퇴적암 중에 포함돼 있는 물의 양은 2,100이 된다. 이 둘을 합한 16,700이, 이를테면 현재 있는 물의 총량이다. 한편 풍화와 침식으로 공급되는 물의 양은 130이다. 따라서 만약 화산가스와 온천으로 지구 내부에서 나오는 물의 공급이 전혀 없다고 하면 16,700 - 130 = 16,570분의 물에 관해 설명을 할 수 없게 된다.

그와 마찬가지로 이산화탄소에 대해 적용시켜 보면 다음과 같이 된다. 단 이 경우 모든 탄소를 이산화탄소로 환산해 계산한다. 현재의 대기 및 해양 중에 있는 이산화탄소의 양 1.5, 퇴적암 중에 있는 이산화탄소의 양 920, 이 둘을 합한 921, 풍화로 공급되는 이산화탄소의 양 11, 지구 내부로부터의 공급이 없다면 설명이 불가능한 양은 921 - 11 = 910이다.

같은 숫자는 염소에 대해 차례로 쓰면 다음과 같이 된다. 하나하나의 숫자는 위에 든 두 가지 항목과 맞먹는 것이다. 276, 30, 306, 5, 301, 다시 질소 및 황에 대해 같은 숫자를 차례로 쓰면 다음과 같이 된다. 39, 4, 43, 0.6, 42, 13, 15, 28, 6, 22.

어느 경우에나 현재 지구상에 있는 물질의 총량의 대부분이 지구 내부에서 유래된 것이다. 즉 휘발성 물질은 지구 내부로부터의 물질 공급을 생각하지 않으면 지구화학적 균형의 원리를 적용할 수 없다.

위에서 말한 물의 예에서 최후에 나온 숫자 16,570과 같이 암석의 풍화로는 설명이 되지 않는 물을 여분의 물이라 부르기로 하자. 여분의 물, 이산화탄소, 염소, 질소 및 황의 양은 각각 16, 570, 910, 301, 42 및 22다.

원시대기 중에 있었다고 하면

그런데 지구의 고온기원설에서는 지구가 형성될 때 이들 여분의 휘발성 물질이 모두 대기 중에 있었다고 생각하지 않을 수 없다. 이윽고 대기가 식어가면 수증기가 응결(凝結)하고, 이렇게 만들어진 물에 이산화탄소, 염소, 질소가 녹아들어간다. 이렇게 물은 현저한 산성(酸性)으로 pH는

0.3이다.

pH는 화학적으로 사용되는 수소지수(水素指数)로서 수소이온의 농도를 나타내는 것이다. 중성(中性)인 물에서는 pH가 7이고, 산성이 풍부한 수용액(水溶液)일수록 pH가 작다. 이에 대해 알칼리성이 풍부한 물에서는 pH가 7보다 크다. 참고적으로 말하면 현재 해수의 pH는 8.2다. 어쨌든 pH가 0.3인 물은 강한 산성이다. 그 때문에 이 산성인 물은 이에 접하는 헐벗은 암석을 분해한다. 그리고 암석에서 염기성 물질을 취해 산성을 약화시킨다. 이윽고 탄산석회 $CaCO_3$와 같은 물질이 해저에 침전하게 된다. 이렇게 대기 중 이산화탄소의 부분압력이 점점 작아진다.

문제는 이러한 역사를 밟기 시작한 어느 시기에, 지구상에 생명이 나타났을까 하는 것이다. 어떤 종류의 이끼(苔)는 이산화탄소의 분압이 1기압하에서 살아갈 수 있다고 한다. 그런데 이것을 보통 기준으로 이산화탄소의 분압이 1기압으로 유지될 때까지 분해되는 암석의 총량, 해수 중에 녹은 염분의 총량, 해저에 퇴적되는 $CaCO_3$의 총량 등을 계산해 보면 결과는 놀랄 만한 것이다. 모두가 지구의 전 역사시대(全歷史詩代)를 통해서 계산한 양과 거의 같게 돼버리는 것이다. 즉 생명은 현재 아직 지구상에 발생할 수 없는 것이 된다.

생명이 언제 지구상에서 발생했는지는 자세히 모른다. 그러나 지금으로부터 35억 년 정도 전에는 이미 지구상에서 생명의 발생이 있었다고 하는 증거가 있다. 만약 그렇다고 하면 여기서 얻은 결과는 받아들이기 어려운 것이고, 지구의 고온기원설은 성립되기 어려운 것이 된다.

생물은 저온기원설에 편든다

이것에 대해 지구의 저온기원설에서는 이야기가 매우 쉽게 풀이된다. 이 경우에도 지구의 내부에서 스며 나온 여분의 물질의 pH는 앞에서와 같이 0.3이다. 그러나 저온기원설에서는 고온기원설과 달라 지구가 형성된 때에 지구상에 존재하는 산성 해수의 양은 거의 취할 것이 못된다. 즉 불과 얼마 안 되는 내부에서 스며 나온 산성만을 중화해 주면 되는 것이다.

실제로 이러한 조건하에서 이산화탄소의 분압이 1기압으로 될 때까지 분해한 암석의 양과 침전된 $CaCO_3$의 양을 계산해보면 현재 지구상에 있는 총량의 1/10 이하가 된다. 이렇게 생물의 발생에 적당한 해수가 만들어진 후에는 또다시 지구 내부에서 스며 나오는 산성인 해수를, 그것이 나오는 족족 중화해 주면 된다. 요컨대 지구의 저온기원설에서는 이야기가 대단히 쉽게 전개된다.

이상은 현재의 환경과 상당히 다른 환경하에서는 생물이 살 수 없다고 하는 것을 이론의 근거로 하고 있다. 실제 앞에서 말한 예에서 이산화탄소의 분압이 1기압으로 된 때의 해수의 pH를 계산하면 7.3이 된다.

이것은 현재 해수의 pH 8.2에 비하면 좀 작지만 현재의 값과 그다지 차이가 있는 것은 아니다.

이런 종류의 의론으로서 다음과 같은 것도 있다. 식물의 광합성(光合成)이 가장 활발해지는 이산화탄소의 분압은 현재 대기 중의 이산화탄소 분압의 5배 정도다. 이것은 광합성을 하는 식물이 번성할 때의 대기 중의 이산화탄소 분압이 이 정도였기 때문이 아닌가 생각한다.

그리고 이 분압에 맞먹는 대기 및 해수 중의 이산화탄소의 양을 계산해 보면 침전된 $CaCO_3$까지 생각해서 현재의 양의 약 2배가 된다. 이에 맞먹는 해수의 분압은 7.8로 현재의 값과 그다지 차이는 없다.

또 어떤 사람은 동물의 혈청(血淸)이나 체액(体液)은 그들의 선조가 나타났을 때 해수의 구성성분을 반영하고 있다고 생각했다. 이 생각에 따라 해수의 구성성분에 대한 역사적인 변화를 더듬었다. 물론 이 경우에도 역사시대의 해수의 구성성분은 현재와 그다지 다를 바 없는 것이다.

암석도 저온기원설에 편든다

앞에서 말한 생물과 마찬가지로 암석도 또한 지구의 저온기원설에 유리하게 이야깃거리를 보태고 있다. 예를 들어 다음과 같은 사실이 있다. $CaCO_3$의 퇴적으로 이산화탄소가 대기 및 해양에서 제거된다. 한편 암석의 풍화로 이산화탄소가 대기 및 해양에 더해진다. 이들의 양을 추정하면 전자가 후자보다 커서, 1년간에 약 10^{14}g의 이산화탄소가 대기와 해양으로부터 제거되고 있다. 이들이 제거되면서 아무런 보급도 없다면 100만 년이 지나면 대기와 해양 중 이산화탄소의 양은 현재 양의 약 1/4이 된다.

그렇게 되면 변화가 일어나기 시작한다. 즉 해수 중에 OH이온의 양이 많아지고, $CaCO_3$로 교대돼 블루사이트$Mg(OH)_2$가 침전되기 시작한다. 그러나 지구의 전 역사를 통해서 이러한 일이 일어났다는 증거가 없다. 이것은 퇴적으로 이산화탄소가 제거되는 한편 지구 내부에서 이산화탄소가 보급돼 이산화탄소의 수지균형이 이뤄지는 것을 나타내는 것이다. 즉

<그림 28> 생물이나 암석은 저온기원설에 편든다

퇴적성의 암석도 또한 지구 내부로부터 가스가 천천히 스며 나와서 대기를 만들고 있는 중임을 나타내고 있다(그림 28).

여분의 기체와 화산가스

지구 내부로부터 가스가 천천히 스며 나와 대기가 만들어지고 있는 중이라고 하면 앞에서 말한 여분의 휘발성 물질 구성성분과 화산의 분출구멍에서 나오는 가스의 구성성분과는 어떠한 유사성이 있을 것이다. 그래서 분출구멍이나 고온의 증기를 뽑아내는 구멍인 증기정(蒸氣井), 간헐천(間歇泉) 중의 수증기, 이산화탄소, 황, 질소, 염소 등의 양이 조사됐다.

그 결과 이 둘을 평균한 것과 앞에서 조사한 여분의 기체 구성성분이 닮은 것을 알았다. 이것 또한 지구 대기의 점진적 성장설, 즉 지구의 저온 기원설에 유리한 것들이다.

이러한 실험을 하는 경우에는 지구 내부에서 유래된 기체가 이미 존재하는 기체, 지구 표면 근처를 순환하고 있는 기체와 물로 오염되지 않도록 세심한 주의를 기울일 필요가 있다. 이에 대해 운석 내부에 함유돼 있는 가스에서는 이러한 오염에 대한 걱정이 없기 때문에 이것을 사용해야 한다는 의견도 있다. 이러한 연구는 아직 그다지 정확한 것은 없다. 그러나 운석에 함유돼 있는 가스의 구성성분이 앞에서 말한 여분의 기체와 비슷한 이산화탄소, 일산화탄소, 질소 등이 풍부할 것은 거의 분명하다. 메탄과 암모니아는 운석에는 그다지 함유돼 있지 않다.

미묘한 균형

앞에서 말한 것 같이 10^{20}g이라는 단위로 측정해서 현재 대기 및 해양 중에 있는 이산화탄소 양은 1.5다. 이에 대해 퇴적암 중의 이산화탄소 양은 920이다. 즉 퇴적암 중의 이산화탄소 양은 대기 및 해양 중에 있는 양의 약 600배가 된다. 가령 이 퇴적암 중에 있는 이산화탄소의 1%가 암석에서 유리돼 대기와 해양에 첨가됐다고 하자.

이 결과 대기 및 해양 중의 이산화탄소의 양은 현재 양의 600 × 0.01 + 1 = 7, 즉 7배가 된다. 이만큼의 이산화탄소가 대기와 해양에 더해질 때 해수의 pH는 현재의 8.2에서 5.9로 떨어진다. 즉 바다가 산성이 된다. 산성이 된 바다는 여분의 암석을 분해하고, 이윽고 $CaCO_3$의 침전이 시작된다. 이때까지의 해수의 pH는 5.9보다도 커져 7.0이 된다. 또 대기 중 이산화탄소의 부분압력은 현재의 약 100배가 된다.

위에서 말한 해수의 pH 변화와 대기 중의 이산화탄소의 부분압력 변화는 생물에 꽤 치명적인 타격을 준다. 바다에 사는 생물의 대부분이 절멸할 것이다. 이러한 변화가 갑자기 일어나지 않고 천천히 일어나면 생물은 그 새로운 환경조건에 적응할 시간적 여유를 갖는다. 그래도 상당한 생명의 절멸은 피할 수 없다고 한다. 요컨대 생물의 존재는 환경의 미묘한 균형으로 보장되고 있는 것이다.

지표로 스며 나오는 과정

이와 같이 지구의 내부에서 나온 가스로 대기와 해양이 만들어졌다는 것은 거의 확실해졌다. 그러면 이들 가스가 지구 내부에서 지표면으로 운반되는 구체적인 과정은 어떠한가.

여기서 앞에 말한 녹는점이 낮고 가벼운 암석 성분의 액체가 등장한다. 이야기를 간단하게 하기 위해 이를 마그마라고 부르기로 하자. 마그마가 지표에 나와서 고체화된 암석을 **분출암**(噴出岩)이라 한다. 분출암이 굳을 때 그 속에 함유돼 있던 가스가 방출된다. 이렇게 대기 및 해양에 새로운 기체가 첨가된다. 그러나 이러한 분출암에 의한 기체의 보탬은 그다지 중요하지는 않다고 한다.

마그마가 지표에는 나오지 않고, 지표 가까이 어떤 깊이에서 고체화된 암석을 **관입암**(貫入岩)이라 한다. 그리고 이 관입암이 고체화될 때 방출된 기체가 그 후 지표에 나타나는 일이 더 중요하다고 한다. 관입암이 고체화된 깊이에서부터 지표까지 기체가 운반되는 통로로서는 화산의 틈이나 온천이 중요한 역할을 하고 있다.

그 온천에 대해서는 다음과 같이 추측할 수 있다. 여러 가지 방법을 이용해서 온천으로 1년간 지구 표면에 운반된 물의 총량이 계산된다. 이러한 계산을 해보면 놀랍게도 현재 해수 총량의 약 100배나 된다. 이것으로는 물이 너무 많은 것이 된다.

이 모순을 해소하기 위해서는 현재 온천으로 운반돼 나오는 물 중 약 1%가 정말 지구 내부에서 운반된 처녀수라고 생각하면 된다. 나머지 99%가 지표 근처를 순환하는 순환수(循環水)다.

이것과 관련해서 다음과 같은 추정도 하고 있다. 온천의 평균 온도는 약 30℃다. 그리고 이것은 평균기온의 10℃보다도 20℃가 높다. 한편 마그마의 온도를 600℃라 하고 이것이 30℃까지 식는 동안에 1g당 1,100cal의 열을 방출한다. 한편 이 열로 지표 가까이에서 순환하고 있는 물 1g이 앞에서 말한 20℃만큼 데워질 수 있는 것이다.

이러한 방식으로 온천수에 섞여 있는 처녀수의 백분율을 계산하면 약 2%다. 이것이 앞에서 구한 처녀수의 백분율, 즉 1%에 가까운 것이 주목된다. 어쨌든 온천으로 지표까지 운반되는 물 중 이 정도가 처녀수다.

지구의 원시 대기

앞에서 반복해 말한 것 같이 지구가 만들어질 무렵 대기는 없었다. 이윽고 지구 내부에서 스며 나온 가스로 지구의 원시 대기라 할 만한 것이 만들어졌다. 그러나 앞에서 말한 생각대로 하면 이 원시 대기의 구성성분이 현재 대기와 그다지 다르지 않았을 것이다. 다만 바로 뒤에 설명하는 산소만은 예외다. 원시 대기 중에는 산소가 함유돼 있지 않았다. 지구상의 산소는 '생물기원'인 것이다(그림 29).

이러한 원시 대기의 구성성분이 화산가스, 온천수, 또는 화강암질 암석 중에 함유된 기체의 구성성분과 비슷하다는 것은 앞에서 서술했다. 또 운석 중에 함유돼 있는 기체의 구성성분과도 같고 금성, 화성과 같이 지구보다 작은 행성의 대기 구성성분과도 같다.

지구의 원시 대기에 대해 여기서 말한 생각은, 일반적으로 널리 믿고 있는 생각과는 좀 차이가 있다. 일반적으로, 지구의 원시대기는 메탄, 암

〈그림 29〉 원시지구에 산소는 없었다. 산소는 식물이 만들었다

모니아가 풍부하다고 생각하고 있다. 이러한 생각이 생긴 것은 여러 가지 원인이 있다.

그 첫째는 우주 전체가 평균적으로 수소 및 헬륨, 특히 수소가 압도적으로 많다고 하는 것이다. 지구의 원시 대기에 수소가 풍부했다고 하면, 원시대기는 이산화탄소와 질소보다 오히려 메탄과 암모니아가 풍부했다는 것이 된다.

둘째로 목성, 토성, 천왕성, 해왕성 같이 지구보다 큰 행성의 대기가 수소, 헬륨, 메탄 및 암모니아가 풍부하다는 것을 들 수 있다.

셋째로 지구상에서의 생명의 발생에 관한 오파린 설의 영향을 들 수 있다. 오파린 설에서는 생명의 발생을 위해서는 수소가 풍부한 환원적인 대기가 필요하다고 한다. 이 때문에 많은 사람들이 지구의 원시대기는 메탄 및 암모니아가 풍부했었다고 생각했다. 그러나 최근의 연구로, 유리 산소만 없으면 이산화탄소에서도 같은 정도의 일이 잘 진행될 거라는 걸 알았다.

넷째로 밀러가 행한 실험의 영향을 들 수 있다. 그는 수증기, 메탄, 암모니아 및 수소의 혼합물에 불꽃 방전을 통해서 아미노산을 비롯한 여러 가지 복잡한 유기화합물(有機化合物)을 만드는 데 성공했다. 그러나 이 실험은 위와 같은 가스의 혼합물이 아니면 유기화합물이 만들어지지 않는다는 걸 의미하는 것이 아니다. 같은 실험을 이산화탄소가 풍부한 기체의 혼합물을 이용해서 행하면 더욱 흥미로울 것이다.

이러한 원인으로 생긴 차이에 대해 좀 주의해야 할 것이 있다. 확실히 우주 전체의 평균으로는 수소가 압도적으로 많다. 다음이 헬륨, 산소, 네온, 탄소의 순이다. 이러한 우주 평균물질을 모아서 별의 대기를 만들면 수소와 산소가 화합해서 물이 만들어진 후 다량의 수소가 남는다. 따라서 그 대기는 메탄, 암모니아를 함유하는 것이 된다. 재미있는 일은 대형 행성일수록 이러한 우주 평균에 가까운 구성성분을 갖고 있다는 것이다.

지구의 질량을 1로 하면 목성, 토성, 천왕성, 해왕성의 질량은 각각 318, 95, 17, 15가 된다. 그리고 이 순서에서 앞의 것일수록 많은 수로를 가지고 있다. 목성이 함유하는 수소는 태양과 비슷해서 거의 100%다.

그러나 금성, 화성과 같이 지구보다 작은 행성의 대기는 메탄, 암모니아를 거의 함유하고 있지 않다. 이들 행성의 대기는 주로 이산화탄소와 질소로 돼 있다. 또 운석 중에도 메탄과 암모니아는 그다지 함유돼 있지 않다.

생명의 발생과 진화

지구상에서 생명이 발생하기 위해서는 간단한 유기화합물에서 아미노산, 단백질, 핵산(核酸)과 같은 복잡한 유기물이 만들어져야 한다. 그 경우 중요한 역할을 하는 것은 자외선(紫外線)일 것이라고 일컬어진다. 자외선은 파장이 짧아 높은 에너지를 갖는 전자기파(電磁氣波)다. 이러한 높은 에너지를 갖는 전자기파로 현재 녹색식물에서 일어나고 있는 광합성과 같은 일이 지구상에서 일어났다.

소위 무생물적(無生物的) 광합성이 이루어져서, 간단한 유기화합물에서 복잡한 유기화합물이 만들어진 것이다. 어떤 사람들은 이러한 에너지가 높은 전자기파만 있으면 이산화탄소에서도 유기화합물이 만들어진다고 주장하고 있다.

현재는 이러한 에너지가 높은 전자기파는 직접 지구 표면에 도달하지 않고 있다. 그것은 지상 10 내지 50km의 높이에 있는 오존층 때문이다. 이 오존층은 태양으로부터 오는 자외선의 대부분을 흡수한다. 이러한 흡수가 없으면 지구상의 생물은 치명적인 타격을 받을 것이다.

그런데 오존층은 지구 대기 중에 있는 유리산소로 만들어진 것이다. 그리고 그 유리산소는 녹색식물이 만들었다. 따라서 생명이 발생함으로써 생명을 보호하는 오존층이 만들어진 것이 된다.

이렇게 만들어진 복잡한 유기화합물에서 간단한 생명이 만들어지는 과정은 잘 모르고 있다. 오파린은 코아세르베이트가 중요한 역할을 한다고 생각했고, 버널은 점토가 중요한 역할을 한다고 생각했다. 코아세르베이트란 두 종류의 단백질 수용액을 섞였을 때 생기는 단백질 분자의 물방울이다. 어느 것이었던 간에 지구상에서 최초의 생명은 바다에서 발생했다.

그 무렵 대기는 산소를 함유하고 있지 않았기 때문에 이렇게 생긴 최초의 생물은 외부에 있는 유기화합물을 취해서 산소를 필요로 하지 않는 발효(醱酵)로 유기물을 분해해 에너지를 만들었음에 틀림없다.

이렇게 발생한 생명은 점차 진화했다. 그리고 이어 광합성을 할 능력이 있는 녹색식물이 생겼다. 이들은 광합성으로 공기 중의 이산화탄소를 분해해 유기물을 만들고 산소를 대기 중에 방출했다. 비로소 유리산소가 지구 대기 중에 나타났다.

이렇게 나타난 산소가 축적돼 현재 지구 대기 중의 산소를 만든 것이다. 이윽고 상공에 오존층이 생겨 생물을 보호하게 됐다. 또 산소를 호흡해서 에너지를 만드는 생물도 발생했다.

생명의 연대기

지구상에 최초의 생명이 발생한 것은 어느 때쯤일까. 또 지구의 대기 중에 눈에 뜨일 정도로 유리산소가 생긴 것은 어느 때쯤일까. 생물은 화석이 돼 그가 살고 있던 자취를 남긴다. 생물의 화석 수가 압도적으로 많아진 것은 지구 역사상 고생대(古生代)에 들어와서부터다.

이어서 중생대(中生代), 신생대(新生代)에 있어서 생물 진화의 자취는 화석을 이용해 정리해낼 수 있다. 고생대는 지금으로부터 6억 년 전, 중생대는 2억 2000만 년 전, 신생대는 7000만 년 전에 시작된다. 화석이 그다지 발견되지 않는 고생대 전의 시기를 통틀어서 선(先)캄브리아 시대라 한다.

선캄브리아 시대는 지구의 나이인 45억 년에서 고생대 초에 해당하는 6억 년을 뺀 39억 년이나 계속된 긴 시대다. 지구상에 최초의 생명이 나타나거나 지구 대기 중에 현저한 유리산소가 발생한 것도 모두 선캄브리아 시대의 일이다.

생물의 몸이 화석이 돼 남아 있는 것 중 가장 오래된 것은 유럽의 발트 순상지 중에서도 가장 오래된 지역인 소련의 콜라반도에서 발견된 해조(海藻)처럼 보이는 화석이다. 그 밖에 옴조개와 산호의 중간이라고 생각되는 동물의 화석도 발견된다. 이들 화석을 함유하는 지층은 이 지방의 오래된 변성암(變成岩) 위에 퇴적된 퇴적암(堆積巖)으로 지금으로부터 17억

2000만 년 내지 17억 8000만 년 전의 것이다.

이것과 비슷한 정도로 오래된 것이 캐나다 순상지에서 발견됐다. 그것은 원시적인 여러 가지 식물 화석이다. 해조와 균류 같은 것도 발견된다. 단세포의 것도 있지만 대개는 다세포체(多細胞體)다. 문제의 지층은 지금으로부터 약 16억 년 정도 전의 것이다. 어쨌든 지금으로부터 16 내지 18억 년 정도 전에는 이미 뚜렷한 해조가 있었던 것이다.

현재까지 알려진 세계에서 가장 오래된 화석은 맥그래고라는 사람이 1940년 아프리카의 남로디지아에서 발견한 것이다. 그것은 해조 같은 것의 분비물 화석이다. 즉 해조 자체가 발견된 것이 아니라 그것이 배출한 석회질 분비물의 화석이 발견된 것이다.

이 화석은 석회암 중에 함유돼 있고 그 석회암을 그보다 후의 화강암 암맥(岩脈)이 관입하고 있다. 그리고 그 화강암의 연령은 지금으로부터 약 27억 년 전의 것이다. 따라서 문제의 해조는 지금으로부터 27억 년 전보다도 이전의 것이라는 셈이다. 앞에서 말했듯이 지각의 암석 중에서 가장 오래된 것이 35억 년 전의 것이다. 따라서 최초의 생명이 발생했다는 것이 된다.

유리된 산소의 발생은 생물에 대해서만이 아니라 지질 과정에 대해서도 큰 영향을 미쳤음에 틀림없다. 즉 지표에 있는 암석의 산화작용이 진행돼, 그 때문에 풍화, 침식, 토양의 생성 등이 이루어졌다고 생각된다. 그래서 이러한 조사를 할 필요성을 느끼게 된다.

만약 대기가 산소를 함유하고 있다고 하면 암석이 풍화할 때, 그 암석에 함유돼 있는 철분이 산화될 것이다. 따라서 그 결과 만들어지는 퇴적암과 원래의 암석을 비교하면 퇴적암에는 산화제일철이 감소돼 있고 산화제이철이 풍부할 것이다. 이러한 생각을 바탕으로 지금으로부터 약 18억 년 전의 화강암과 그것이 풍화, 분해돼 생긴 퇴적암의 산화 상태를 연구한 사람이 있다.

그 결과 예상했던 산화 현상의 차이가 발견되지 않았다. 같은 연구가 지금으로부터 20 내지 30억 년 전의 퇴적광상(堆積鑛床: 퇴적작용으로 생긴 광물의 농집 부분)에 대해서도 행해지고 있다. 그리고 이 경우에도 또한 예상했던 산화 상태의 차이가 발견되지 않았다. 이것은 지금으로부터 18억 년 정도 전까지는 대기 중의 산소가 극히 적었다는 것을 말해주는 것이다.

앞에서도 말했듯이 지금으로부터 약 18억 년 전인 바로 그 무렵부터 확실한 생물체의 화석이 발견되기 시작한다. 이것저것 생각해보면 바로 이 무렵, 대기 중에 유리산소가 급속히 증가하기 시작한 것이 아닐까.

제6장

지구에서 행성으로

지구 자체를 알기 위해서 한번 지구에서 떠나 다른 행성을 살펴보는 것도
하나의 방법이다. 지구에서 연구가 끝난 방법을 이용해 다른 행성을
조사하거나, 지구에서는 생각도 못했던 일이 일어나고 있는 행성을
조사해서, 다시 한 번 지구의 문제로 되돌아갈 수 있기 때문이다.
지구가 다른 행성과 같은 시기에 똑같은 상태로 생긴 것은 분명하다.
그 후 각 행성은 각각 스스로의 길을 갔다. 그러나 원래 형제로 태어난
숙명은 지금도 공통된 특징으로 행성에 남아 있다.
이야기는 우선 지구와 가장 비슷한 행성인 금성에서부터 시작해,
이어서 화성과 달의 이야기를 하겠다. 달은 지구를 에워싼 위성이지만
지구의 자식이라는 것보다는 오히려 지구의 동생이라는 편이
좋은 위성이다. 이것을 행성과 같이 취급하는데 문제는 없을 것이다.
끝으로 목성 이야기를 하겠다. 목성은 지구와는 매우 달라 태양과 같은
항성(恒星)에 가깝다. 그러한 의미에서 목성을 살펴보는 것도
지구 자체를 아는 데 도움이 될 것이다.

〈금성〉

금성의 질량과 크기

금성은 태양과 달 다음으로 하늘에서 세 번째로 밝은 별이다. 그러나 그 정체를 좀처럼 이해하기 어려운 별이기도 하다. 다른 행성과 달리 금성은 위성을 갖지 않는다. 또 목성과 같은 고리도 갖지 않으며 화성과 같은 얼음의 극관(極冠)도 갖지 않는다.

망원경으로 볼 수 있는 것은 다소 황색을 띤 밝은 구름층뿐이다. 그리고 이 구름이 금성을 크게 감싸고 있다.

위성을 갖지 않기 때문에 금성의 질량을 구하는 것은 매우 어려웠다. 위성을 갖는 행성은 행성에서 위성까지의 거리와 위성이 행성 주위를 도는 공전주기(公転週期)로부터 행성의 질량이 정밀하게 구해진다. 그러나 금성에는 이 방법을 사용하지 못한다. 금성의 질량은 그것이 다른 위성에 미치는 얼마 되지 않는 중력의 영향을 통해서 구할 수밖에 없다.

그러나 이 방면에서 최근에 비약적인 진보가 있었다. 즉 미국의 금성 로켓인 매리너 2호의 궤도를 조사해서 금성의 전 질량이 4.8695×10^{27}g이라는 것을 알았다. 이것은 지구 질량의 81.4%에 해당한다.

금성의 고체 부분의 크기 또한 측정하기 매우 어렵다. 망원경을 이용해 볼 수 있는 것은 구름을 포함한 금성의 크기다. 따라서 구름의 높이를 모르는 이상 금성의 고체 부분의 크기를 측정할 수 없다. 그래서 금성의 대기에 대해 어떤 가정을 해 구름을 높이를 측정하고 그에 바탕을 두어 금성의 고체 부분의 크기를 측정한다(그림 30).

〈그림 30〉 금성

이렇게 측정된 금성의 고체 부분의 반경은 6,100km다. 이것은 지구의 반경인 6,370km와 매우 가깝다. 질량과 크기에서 금성의 평균비중을 구하면 5.25다. 이것도 또한 지구의 평균비중 5.5와 매우 비슷하다. 크기에서 보면 금성은 지구의 쌍둥이라 해도 좋을 정도다. 따라서 금성의 화학 구성성분과 핵의 반경도 지구와 비슷할 것이다.

뜨거운 금성

금성의 구름층의 바깥쪽 온도에 대해서는 몇 가지가 측정됐다. 그 하나는 금성이 태양의 빛을 반사하는 반사율을 이용한 것이다. 금성은 지구보다 태양에 가깝기 때문에 지구의 2배 가까이 되는 빛과 열을 받고 있다. 그러나 금성의 구름은 그 빛의 70%를 반사해버린다. 즉 구름에 흡수되는 태양빛은 30% 정도다.

이것으로 구름의 온도를 계산하면 -40℃ 정도가 된다. 큰 망원경을 이용한 적외선 관측에서도, 또 파장 1~20cm 정도의 전파를 이용한 관측으로도, 금성 구름층의 바깥쪽 온도는 거의 같은 결과를 얻었다.

그런데 이보다 좀 파장이 긴 3~20cm의 전파를 사용해 관측하면 금성의 온도가 300~400℃ 정도가 된다. 이것이 금성의 고체 부분의 표면 온도라고 하면 금성은 대단히 뜨거운 별이다.

그런데 이 파장의 전파가 금성의 고체 부분의 표면에서 온 것이 아니라 금성의 전리층(電離層)에서 온 것이라고 주장하는 사람도 나왔다. 그들에 의하면 만약 금성의 전리층이 지구의 전리층에 비해 1,000배 정도 많은 이온을 갖고 있으면 그 이온이 서로 충돌해 앞에서 말한 정도의 파장을 갖는 전파를 방출한다고 한다. 즉 여기서 금성의 고체 부분 표면과 대기에 대한 두 가지 다른 모형이 제안된 것이다.

첫째로 100℃ 정도의 고체 표면이 단파(短波)를 복사하고, 대기가 장파(長波)를 복사한다고 생각한다. 이에 대한 두 번째의 모형에서는 400℃ 정도로 뜨거워진 고체 표면이 장파를 복사하고 대기와 구름이 단파를 복사한다고 생각한다. 이 양자가 서로 양보하지 않고 맞선 채 시간이 흘렀다.

이 점에 결론을 내린 것은 1962년의 매리너 2호에 의한 금성 관측이다. 이 로켓에는 두 방향에서 오는 전파를 측정하는 측정기가 부착돼 있었다. 전파 중 하나는 대기의 낮은 곳에서 곧바로 오는 것이었고, 또 하나는 대기를 통해 비스듬히 오는 것이었다.

만약 금성에 짙은 전리층이 있으면 대기의 낮은 곳에서 곧바로 오는 전파보다는 비스듬히 오는 전파가 강할 것이다. 측정 결과는 이 예상과 달리 대기의 낮은 곳에서 곧바로 오는 전파가 강했다. 이렇게 금성의 전리층이 전파원이 될 만큼 짙은 것은 아니라는 것을 알았다. 즉 금성의 고체 부분의 표면온도가 400℃ 정도라는 것이 확실해졌다.

1967년, 소련의 금성 4호가 금성에 연착륙(軟着陸)했을 때는 금성 대기의 온도가 직접 측정됐는데 그 결과도 앞에서 말한 결론을 지지하고 있었다.

온실효과

이러한 금성 대기, 따라서 여기에 접하는 금성 고체 부분 표면의 높은 온도는 이른바 온실효과(溫室效果)에 의한 것이다. 온실 내의 공기와 같이 한번 금성 대기에 포착된 열은 포착된 채 밖으로 도망갈 수 없는 것이다. 생각해보면 금성의 대기에서는 열이 빠져나갈 수 없게 이중, 삼중으로 밀폐돼 있다.

우선 첫째로 금성 대기의 많은 이산화탄소가 열이 빠져나가지 못하게 방지하고 있다. 이산화탄소로도 방지할 수 없는 열은 수증기가 방지하고, 그래도 방지할 수 없는 열은 직경 10미크론 정도의 얼음 알갱이가 방지하고 있다.

금성 대기에 다량의 이산화탄소가 존재하는 것은 이미 1932년 발견했다. 금성 대기에 수증기가 존재하는지 어떤지는 최근까지 확실히는 모르고 있었다. 지구의 대기 중에 있는 수증기가 방해를 하기 때문에 금성이 반사한 햇빛의 스펙트럼 중에 존재할지도 모르는 수증기의 실마리의 발견하는 것이 어려웠던 것이다.

그러나 최근에는 적외선분광기(赤外線分光器)를 기구에 실어 30km 이상의 상공으로 띄워 지구 대기 중의 수증기의 영향을 벗어난 관측이 가능하게 됐다. 그 결과 금성의 대기 중에 틀림없이 수증기가 있는 것을 알았다. 또 이와 같은 기구 관측으로 금성의 구름을 이루고 있는 것이 직경 15미크론 정도의 얼음 입자라는 것을 알았다. 이 얼음 입자도 또한 태양 에너지가 빠져나가는 것을 방지하는 역할을 한다.

이렇게 축적된 열이 금성을 고온으로 만들었다. 태양이 바로 위에서 내리쪼이는 곳의 온도는 700℃, 그 반대쪽 중심점의 온도는 300℃ 정도다. 양극지방의 온도는 더 낮아 200℃ 내외라고 생각된다.

간신히 알아낸 금성의 자전

금성이 태양의 주위를 도는 공전주기는 224.7일이다. 금성의 자전주기가 얼마나 되는가 하는 것은 오랫동안 모르고 있었다. 행성의 자전을 측정하는 가장 간단한 방법은 행성의 표면을 횡단하는 단면을 관측하는 것이다. 그러나 구름에 둘러싸인 데다 그 구름 위를 지나가는 것이 없는 금성에서는 이러한 방법도 도움이 되지 않는다.

또 다른 행성에서는 보통 망원경에 분광기를 달아, 빛의 도플러 효과를 이용해서 자전을 측정하는 시도가 성공했다. 도플러 효과란 가까이 다가오는 물체에서 나오는 빛의 파장이 짧아지고, 멀어지는 물체에서 나오는 빛의 파장이 길어지는 현상이다.

〈그림 31〉 행성용 레이더

자전하고 있는 물체의 가장자리는 관측자를 향해서 다가오거나 멀어진다. 도플러 효과로 이 속도를 관측하면 자전속도, 즉 자전주기가 측정된다.

그러나 이 방법은 금성에서는 실패했다. 금성은 전혀 자전하지 않든가, 아주 천천히 자전하고 있다는 결과밖에 얻을 수 없었다.

그러나 1960년대에 들어와 얼마 되지 않아서 레이더를 이용하는 관측으로 금성의 자전주기가 측정됐다. 이 원리는 바로 도플러 효과를 이용한 것이다. 금성을 향해 레이더 전파를 보내면 금성의 중앙부 근처에서 강한 전파가 되돌아온다. 이에 대해 금성의 가장자리 부분에서는 약한 전파밖에 돌아오지 않는다. 강한 전파와 약한 전파의 파장 차이를 측정하면 금성의 자전속도를 알게 된다(그림 31).

결과는 놀랄 만한 것이었다. 자전주기는 247일이었고, 게다가 자전 방향이 공전 방향과 반대인 것이다. 천왕성을 제외한 모든 행성의 자전 방향은 공전 방향과 같다. 이를테면 금성은 이단적 행성인 셈이다. 왜 천왕성과 금성만이 이러한 이단적인 자전을 하는 것일까. 아직 이 수수께끼는 풀리지 않았다.

이렇게 얻은 공전주기와 자전주기를 생각하면 금성의 1일이 지구의 118일에 해당하고 지구의 1년이 금성의 2일 정도밖에 안 되는 것을 알았다. 즉 금성에는 오랫동안 계속해서 낮과 밤이 있다는 것이 된다. 금성의 낮과 밤의 큰 온도차는 이 때문에 생긴 것일 것이다.

소련의 금성 4호도 확인한 것 같이 금성의 고체 부분의 표면에서의 기압은 지구 표면에서의 수십 배에 달한다. 이것은 금성의 대기가 지구 대기의 수십 배나 짙다는 것을 의미하는 것이다. 대기는 대부분 이산화탄소로 돼 있고 여기에 수증기와 질소가 첨가돼 있다. 이 중 질소의 함량에 대해서는 아직 자세히 모른다. 이렇게 짙은 대기가 위에서 말한 큰 온도차로 금성 대기에 맹렬한 모래폭풍을 일게 하고 있다고 주장하는 사람도 있다.

금성의 표면

레이더 관측으로 금성 표면의 지형에 대해서, 또 금성의 내부로 조금 들어간 곳의 온도에 대한 정보를 얻고 있는 중이다. 우선 이 중에서 전자에 대해 말하기로 하자.

금성에 가는 빔의 레이더를 송신한다. 그러나 이 레이더전파는 공간을 날아가는 동안에 꽤 퍼진다. 그 때문에 금성에서 반사해 돌아오는 전파는 금성의 전 반구(全半球)에서 반사돼 온 것이 된다. 그러나 금성의 각 부분이 지구와 조금씩 다른 거리에 있기 때문에 반사전파가 돌아오는 시각에도 근소한 차이가 생긴다.

따라서 되돌아오는 전파의 도착 시간을 정밀하게 측정하면 그 전파가 금성의 어느 부분에서 반사된 것인지 알 수 있다.

한편 되돌아오는 반사전파의 도착 시각과 동시에 반사전파의 강도를 측정한다. 이 강도가 금성 각 부분의 요철에 대한 정보를 주는 것이다. 금성의 표면에 심한 요철이 없으면 지구 쪽으로 향한 금성의 반구 중심점에서 되돌아오는 전파가 가장 강하고, 반구의 가장자리 쪽으로 갈수록 전파 강도가 약해진다.

금성의 표면에 요철이 있는 경우에는 다르다. 즉 보통 약한 전파밖에 돌아오지 않을 부분에서 뜻밖에 강한 전파가 돌아오는 일이 일어나는 것이다.

이러한 원리를 이용해서 금성 표면의 지도를 만드는 연구가 행해졌다. 그 결과 금성 표면에는 α산맥이라고 불리는 남북 방향으로 뻗은 산맥과 β산맥이라는 동서 방향으로 뻗은 산맥이 있는 것을 알았다. α산맥의 길이는 대략 400km, β산맥의 길이는 이보다 조금 길다.

금성의 고체 부분의 표면에서 조금 들어간 곳의 온도를 측정하는 데는 앞에서 말한 것보다 파장이 긴 전파를 이용하면 된다. 파장이 긴 전파는 짧은 전파보다도 금성의 보다 깊은 곳에서 반사된다고 생각하기 때문이다. 이러한 전파를 이용한 연구 결과 금성의 고체 부분의 표면에서 1m나 들어간 곳에서는 낮과 밤의 온도차가 그다지 없다고 한다.

만약 그렇다고 하면 금성의 표면은 달 표면과 비슷한 열의 절연물(絕緣物)로 뒤덮여 있는 것이다. 이러한 연구가 조금 진전되면 금성의 내부에서 표면을 향해 운반돼 오는 열의 흐름도 측정할 수 있게 될 것이다. 열의 흐름을 측정하면 금성의 열적(熱的)인 역사에 대한 중요한 실마리가 잡히게 될 것이다.

수수께끼로 가득 찬 금성

금성은 그 크기나 평균 밀도가 지구와 매우 닮은 행성이다. 따라서 그 내부구조도 지구와 비슷해 아마 핵을 갖고 있을 것이다. 또 어쩌면 콘드라이트 물질의 차가운 집합에서 출발해 지구와 같은 열적 역사를 더듬었을 것이다.

따라서 금성의 대기 중에 많은 이산화탄소와 수증기도 금성의 내부에서 스며 나온 것이라고 생각된다. 이렇게 스며 나온 이산화탄소와 수증기의 온실작용으로 대기의 온도가 오르게 된다. 그렇게 되면 이에 접한 금성의 고체 부분의 표면 온도도 높아진다. 이러한 고온이 오랫동안 계속됐다면 그것은 금성 내부에 있어서의 온도분포에도 영향을 끼쳤을 것이다.

금성의 표면 온도는 지구에 비해 300℃ 정도 높다. 이러한 온도가 오랫동안 계속되면 금성과 지구에서 같은 깊이만큼 들어간 지점의 온도를 비교하면 금성의 온도가 200℃ 정도씩 높아질 것이다. 따라서 금성의 핵이 액체인 것은 물론, 어쩌면 금성의 대부분이 녹아 있을지도 모른다.

금성은 여러 가지로 수수께끼에 가득 찬 별이다. 그 하나로 금성이 자기장을 갖지 않고 지구의 반알렌대(帶)와 같은 방사능대(放射能帶)를 갖고 있지 않다는 사실이다. 금성이 핵을 갖고, 그 핵이 녹아 있는 것은 거의 확실하다. 만약 그렇다고 하면 지구와 같은 다이나모(dynamo) 작용으로 금성은 자기장을 갖고 있어야 한다. 그런데 금성은 자기장을 갖고 있지 않다.

애매한 설명이기는 하지만 다음과 같은 생각이 나왔다. 당초 다이나모 작용으로 자기장이 유지되기 위해서는 핵의 반경, 전기전도도 및 핵 내에서 유체의 운동속도의 곱이 어떤 일정한 값을 취해야 한다.

이 가운데서 핵의 반경과 전기전도도는 금성과 지구가 비슷할 것이다. 따라서 금성이 자기장을 갖지 않는 설명으로서는 핵 내에서의 유체(流體) 운동속도가 너무 작다는 가능성밖에 없다.

금성의 자전속도는 매우 느리다. 자전속도가 느리면 핵 내의 유체운동도 느릴 것이다. 자전속도는 유체를 담은 용기의 운동속도라고 생각되기 때문이다. 이렇게 해서 금성이 자기장을 갖지 않는 것과 그 자전이 매우 느리다는 것의 연관성이 밝혀졌다.

실은 또 한 가지 금성의 자전이 느리다는 것과 고온이라는 것이 연관돼 있다고 여겨진다. 다른 행성과 비교해 자전이 특히 느린 별로서는 금성과 목성을 들 수 있다. 그리고 이들의 자전이 느린 것은 태양에 의한 조석마

찰이 그 자전에 제동을 걸고 있기 때문이라고 생각하고 있다.

그런데 조석력(潮汐力)이 큰 것만을 생각하면 금성이 태양으로부터 받은 제동의 크기와 거의 같다.

따라서 금성의 자전이 지구 자전에 비해서 느린 이유는 모른다. 이 설명으로서 금성의 내부 온도가 높으리라는 것을 생각할 수 있다.

온도가 높으면 그만큼 에너지 소모도 크고 자전도 느려질 것이기 때문이다. 이 생각이 맞다고 하면 금성이 자기장을 갖지 않는 것과 자전이 느린 것, 고온이라는 것을 서로 관련시켜 이해할 수 있다.

산소가 없다는 뜻

금성이 자기장을 갖지 않는 것도, 그 자전이 매우 느린 것도 모두 금성이 고온이기 때문이라는 원인으로 매듭지을 수 있다. 그리고 반복해 말했듯이 금성이 고온인 원인은 대기 중의 이산화탄소다.

이것을 조금 다른 각도에서 보아, 필자는 금성이 고온인 원인이 금성 대기가 산소를 갖고 있지 않기 때문이라고 강조하고 싶다. 실제, 금성과 지구의 대기를 비교할 경우, 금성의 대기에는 이산화탄소가 많고 지구의 대기에는 산소가 많다는 것이 그 현저한 차이다.

지구 대기 중의 산소는 생물기원이다. 즉 지구상에 생물이 나타나기까지는 지구 대기 중에 산소가 존재하지 않았다. 바로 이러한 상태가 지금 금성에서 일어나고 있다. 금성의 대기에는 산소가 없기 때문에 생물이 살 수 없다고 흔히 말한다. 이것은 원인과 결과가 거꾸로 된 것 같다. 즉 실제로는 금성에 생물이 없기 때문에 금성의 대기가 산소를 가지고 있지 않는 것이다.

문제는 여기까지 좁히면 금성과 지구의 차이는 금성에 생물이 살고 있지 않는 데서 생겼다는 주장도 할 수 있는 셈이다. 그래서 다음에 우선 현재의 금성이 생물이 사는 환경으로서 얼마나 부적당한가 살펴보자. 그리고 이렇게 생물의 존재에 부적당한 금성의 대기를 개조하는 것에 대해 생각해보자. 이러한 길을 선택함에 따라 금성을 어떤 범위 내에서 지구와 꼭 닮은 혹성으로 개조할 수 있는지 생각할 수 있다.

금성의 대기 개조

금성의 대기는 지구의 대기에 비해 수십 배나 짙다. 대기가 고체 표면과 접하는 부분의 온도는 약 400℃, 구름층 외측의 온도는 -40℃다. 고체 표면에서 높이 70km 부근에는 영원히 사라지지 않는 구름이 덮여 있다.

구름의 틈으로 보이는 하늘의 빛깔은 황록색이고 태양은 붉은 벽돌색으로 보인다. 400℃의 온도에서 고체 부분의 표면은 녹아 있지 않다. 드러난 암석은 바람으로 침식돼 지구의 사막에 있는 암석과 같이 돼 있다. 이러한 조건하에서 생물의 존재는 바랄 수 없다.

금성에서 생명의 존재가 바람직한 장소는 구름 속밖에 없다. 금성의 구름 밑부분의 온도는 -10℃로서 물방울을 함유하고 있다. 또 질소가스도 부족하지 않다.

이러한 환경하에서 생활하기 위해서 생물은 구름이나 대기 중에서 물

〈그림 32〉 금성의 대기개조안

을 뽑아내고 질소가스에서 몸의 양분이 되는 질소화합물을 뽑아내야만 한다.

걷잡을 수 없는 구름 속에서 몸을 지탱해야만 하고 사정없이 쏟아지는 자외선도 견디어야만 한다. 이를테면 너무나 극단적인 조건을 견뎌야 한다. 지구상의 생물 중에서 이와 비슷한 조건을 만족하고 있는 것은 청록색의 조류(藻類)다. 이것을 차츰 어려운 조건에 놓아 금성의 대기 중에서도 살아갈 수 있도록 변종(變種)을 만들어내는 것은 그다지 어려운 것은 아니다.

이러한 변종을 이용하면 금성을 생물이 살기에 알맞은 환경으로 만드는 것도 꿈같은 이야기는 아니다. 앞서도 말한 것 같이 금성의 대기는 지구상에 녹색식물이 나타나기 전의 지구 대기와 비슷하다. 그 무렵 지구 대기에는 유리산소가 없었다. 그리고 이산화탄소와 질소가 대기의 대부분을 차지했다. 따라서 금성 대기 속에 인위적으로 녹색식물을 보내면 금성의 대기를 지구 대기와 비슷한 것으로 바꿀 수가 있을 것이다(그림 32).

위에서 말한 조류는 구름에서 다량의 물과 이산화탄소를 빨아들이고, 광합성으로 유기물질을 만들어 대기 중에 산소를 방출한다. 이렇게 대기 중에서 이산화탄소가 감소하고, 그 대신 산소가 불어난다. 이산화탄소가 감소하면 이산화탄소의 온실효과로 고온이던 대기의 온도도 낮아진다. 대기의 온도가 충분히 낮아져 금성의 비가 내리게 되면 대기 중의 수증기에 의한 온실효과도 없어져 온도는 더욱 내려간다.

대기의 상층에서 열의 방출을 막고 있던 얼음의 입자가 없어지면 온실

효과도 없어진다. 그 무렵에는 산소가 대기 중에 가득 차서 지구로부터 생물을 이동할 수 있는 환경이 완성된다. 금성의 대기를 이렇게 변화시키는 것은 그다지 불가능한 것 같지 않다.

앞에서 말한 것에서도 알 수 있듯이 금성과 지구의 차이는 미묘한 균형에서 온 것이다. 즉 어떠한 계기에 금성의 대기 중에서 생멸의 싹이 트면 거기에서 연쇄반응이 일어나 금성의 대기가 지구의 대기와 유사한 것으로 바뀔 가능성이 있는 것이다.

금성의 대기가 지구의 대기와 비슷해지면 그 밖의 점에서는 원래 지구와 비슷했던 금성은 지구와 꼭 닮은 행성이 될 것이다. 지구와 행성의 과학에서 출발해 이러한 꿈같은 이야기를 그려보는 것은 실로 재미있는 일이다.

〈화성〉

화성의 크기와 질량

화성은 지구의 바로 외층을 공전하고 있는 행성이다. 공전주기, 즉 화성의 1년은 지구의 687일이다. 또한 자전주기, 즉 화성의 하루는 24시간 37분 23초로 지구의 하루보다 41분 18초 정도 길다.

화성의 적도면은 공전 궤도면에 대해 25.2° 정도 기울어져 있다. 지구의 경우 이 각도는 23.5°이기 때문에 화성은 지구보다도 1.7°만큼 조금 더

기울어져 있다. 이 기울어진 것 때문에 화성에서도 지구에서와 같은 춘하추동의 사계절의 변화가 일어난다.

화성의 반경은 약 3,400km다. 즉 지구의 반경 6.370km의 약 반이다. 그러나 화성 반경의 값은 학자에 따라 아주 다르다. 어떤 사람은 3,310km라고 하고, 또 어떤 사람은 3,415km라고 한다.

요컨대 사람에 따라 100km 정도의 차이가 있다.

그렇지만 화성의 질량은 비교적 확실하게 알려져 있다. 그것은 화성의 포보스와 데이모스라는 2개의 위성이 있기 때문이다. 이 두 위성은 작다는 것과 어버이라고 할 수 있는 행성에 가깝다는 점에서 태양계(太陽系) 중에서도 변종(變種)의 위성으로 취급되고 있다. 즉 포보스의 직경은 약 8km이고 화성의 중심에서의 거리는 9,300km, 데이모스의 직경은 약 5km, 화성과의 거리는 24,000km에 지나지 않는다.

어쨌든 이렇게 측정된 화성의 질량은 6.43×10^{26}g이다. 즉 지구의 질량 6.0×10^{27}g의 11%에 지나지 않는다. 앞에서 설명한 바와 같이 화성의 반경이 분명치 않기 때문에 화성의 평균 비중도 엉거주춤하다. 즉 3.84와 4.21 사이다. 화성이 지구와 비슷한 핵을 가지고 있는지 어떤지 하는 문제를 생각할 때, 평균 비중이 이와 같이 확실치 않은 것이 지장이 된다. 실은 화성에 핵이 있는지 어떤지 지금도 모르고 있다.

또한 위성 포보스에 관해서는 눈여겨볼 만한 사실이 있다. 그것은 포보스가 화성의 주위를 도는 공전주기가 조금씩 짧아지고 있다는 사실이다. 이것은 지구 주위를 도는 인공위성의 최후와 같이 포보스가 화성의 대기에서 저항을 받아 점점 화성에 접근해 그 속도가 빨라지기 때문이라고 생각된다. 그러나 화성 대기는 지구의 대기에 비해 1% 정도의 농도에 불과하다. 이와 같이 희박한 화성 대기의 영향을 받기 위해서는 포보스의 밀도가 아주 작아야만 한다. 이를테면 포보스는 구멍 투성이인지도 모른다.

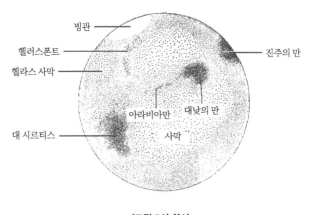

〈그림 33〉화성

극관과 사막과 바다

화성 표면에서의 기압은 지구의 1%에 지나지 않는다. 즉 화성의 대기는 지구 대기의 1%의 농도밖에 되지 않는다.

화성 대기의 주성분은 질소가스이고, 여기에 이산화탄소가 더해 있다. 그러나 이산화탄소의 양은 지구 대기에서보다도 훨씬 적을 것으로 알려져 있다. 질소, 이산화탄소 다음으로 많은 것은 아르곤이다. 최근에 화성의 대기 중에 수증기가 존재하는 것도 확실해졌다. 그러나 그 양은 지구 대기에 비해 1/1,000 이하로 추정된다.

이산화탄소와 수증기 같은 온실작용을 갖는 기체가 적고 태양으로부터의 거리가 지구보다 멀리 떨어져 있기 때문에 화성 표면에서의 평균온도는 지구에서보다 훨씬 낮다. 낮 동안의 평균기온은 -10℃ 정도다. 그러나 한낮에는 극지방에서 온도가 어는점 이상으로 올라가는 듯하다. 열대지방의 정오 때쯤은 20 내지 25℃나 되지만 밤이 되면 -80℃나 저온이 된다.

화성을 망원경으로 보면 붉은 기를 띤 오렌지색으로 보인다. 그러나 지구 대기의 산란 때문에 가장자리 근처는 부옇게 보여 언제나 가물거린다. 화성을 뚜렷이 보기 위해서는 지구의 대기가 전혀 흔들리지 않는 순간이 오는 것을 인내심 있게 기다려야만 한다.

이러한 참을성 있는 관측으로 화성의 표면이 크게 세 가지 형으로 분류되는 것을 알게 됐다. 그 하나는 극 부근을 둘러싼 하얀 극관(極冠, polar cap)이다. 화성에서는 북극과 극관은 1년 내내 없어지지 않지만 남극의 극관은 때에 따라 완전히 없어지는 수가 있다.

둘째로 화성 표면의 3/4 정도를 차지하는 빨강과 갈색을 띤 지역은 사막이라 불린다. 화성은 빨갛게 보이기 때문에 화성이라 불린 것이다. 화성 표면의 나머지 1/4은 어두운 지역으로서, 바다라고도 불린다. 겨울에는 회색빛을 띠고, 봄에서 여름 사이에는 약간 청 또는 녹색을 띤다. 즉 이 부분이 더욱 흥미 있는 계절적인 변화를 나타내는 장소다(그림 33).

극관 이동의 수수께끼

겨울이 지나고 봄이 오면 극관이 작아진다. 그 무렵 검은 부분이 극에 나타나 하루에 30km의 속도로 적도를 향해 전진한다. 이 검은빛으로 지금까지 어둡게 보이던 바다 부분은 한층 검게 되지만, 밝게 보이던 사막 부분의 색은 거의 변하지 않는다. 가을이 되면 검은빛이 다시 원래대로 되돌아간다.

이 검은빛의 원인은 화성의 고체 부분 표면 바로 밑에 사는 조류 같은 작은 생물로 생각되기도 했다. 이 생물은 겨울 동안 체내에 비축된 물을 사용하면서 동면한다. 이윽고 봄이 돼 극에서 물이 녹아내리면 고체 부분의 표면으로 움직이기 시작해 그것에서 성장한다. 이것이 검은빛의 원인이라는 것이었다.

그러나 화성에는 물이 있어도 대단히 적다고 생각된다. 이 때문에 검은빛이 화성의 표면에 사는 생물 때문이라는 생각은 얼마 가지 않아 버림받게 됐다.

현재 생각하고 있는 검은빛에 대한 설명은 다음과 같다. 이 설명은 검게 보이는 화성의 바다 부분이 지구상의 바다와 같이 요지(凹地)가 아니라 오히려 고원(高原)이라는 생각에서 시작된다. 그런데 여기에 같은 물질이라도 그 입자가 작아지면 밝게 보이고, 입자가 커지면 검게 보인다는 사실이 있다. 그래서 화성 표면의 고원 부분이 사막 부분보다도 입자가 보다 큰 티끌로 덮여 있다고 생각해보자. 이 때문에 고원 부분이 사막 부분보다도 검게 보이는 것이다.

〈그림 34〉 지구보다 달과 비슷한 화성

그런데 가을이 돼 계절풍이 불고 그 계절풍이 작은 티끌을 사막에서 고원으로 향해 날린다고 하자. 그렇게 되면 고원의 어두움이 일시에 감해져서 검은빛이 극으로 향해 물러가게 된다. 봄이 되면 계절풍의 방향이 바뀌어 바람이 고원에서 사막을 향해 불고 작은 티끌이 고원에서 사막 쪽으로 날린다. 이렇게 고원은 다시 어둠을 되찾아 검은빛이 극에서 적도를 향해 이동한다.

이 생각은 두 가지 관측사실으로 뒷받침된다. 그 하나는 화성의 각 부분에서의 반사광 연구다. 이 연구로 어두운 지역이 밝은 사막 부분에 비해 명확히 큰 입자로 덮여 있는 것을 알았다.

둘째로 레이더를 이용한 화성 표면의 요철 연구로 어두운 지역이 밝은 사막 부분보다도 지형상으로 높은 것을 알았다. 이렇게 검은빛이 생물에 의한 것이라는 생각이 무너지고, 티끌의 이동에 의한 것이라는 생각이 받아들여지게 됐다.

화성의 운하

1877년 이탈리아의 천문학자 스키아파렐리가 화성에서 직선상의 도랑을 발견했는데 이것을 카날리라 불렀다. 카날리란 이탈리아어로 도랑이나 운하를 뜻한다. 그러나 그는 이 운하가 인공적인 것이라고 한 것은 아니다. 화성의 운하가 인공적이라는 걸 더욱 강력히 주장한 것은 미국의 천문학자 로웰이다. 그가 죽기 전에 만든 화성도(火星圖)에는 운하가 거미줄과 같이 화성 표면을 덮고 있다.

그러나 1965년 매리너 4호가 촬영한 21장의 화성 사진에는 운하 같은 것이 하나도 나타나 있지 않았다. 단 한 장의 사진에 겨우 2개의 직선이 보였을 뿐이다. 그 하나의 폭은 8km, 길이 240km 이상으로 추정하고 있다. 그러나 이것은 운하가 아니고 그 옛날 화성의 고체 부분 표면에 생긴 균열일 것이다. 이들 사진과 로웰의 화성도를 비교해 우리는 인간의 풍부한 상상력에 다만 놀랄 뿐이다.

그러나 이들 사진은 인간의 상상력이 뜻밖에도 믿을 수 없는 것이라는 것을 분명히 했다. 이 사진을 보기 전까지는 우리는 왠지 모르게 화성은 지구와 비슷할 것이라고 생각했다. 그런데 실은 화성은 구멍 투성이로서 지구보다도 달과 비슷한 것이다(그림 34).

매리너 4호의 실험에 앞서 이것을 예언했던 얼마 안 되는 사람 중의 하나로 명왕성의 발견으로 알려진 톰보가 있다. 이 명왕성도 또한 로웰이 오랫동안 발견하려던 별이었다.

그리고 톰보는 로웰의 이름을 딴 로웰천문대 소장이었다. 톰보는 1952년 이미 다음과 같이 말했다.

"화성에 보이는 둥근 오아시스는 아마 작은 소행성이 충돌해서 생긴 크레이터일 것이다. 또 화성에는 물이 없으므로 침식이 이뤄지지 않으며, 따라서 달과 같이 화성의 지난 모든 역사가 그 표면에 새겨져 있을 것이다."

무슨 일이든지 그것이 일어나기 전에 예언하는 것은 어려운 일이다.

톰보의 이 예언에 우리는 최대의 경의를 표하는 바다.

화성의 크레이터

매리너 4호가 화성의 9,000km 근처까지 접근해 찍은 21장의 사진을 보고 우리가 더욱 놀란 것은 크고 작은 것이 뒤섞인 70개 남짓한 크레이터가 발견된 것이다. 찍힌 부분은 화성의 전 표면적의 1%가 조금 모자라므로 이 비율로 계산하면 전 면적에는 약 1만 개의 크레이터가 있는 것이 된다.

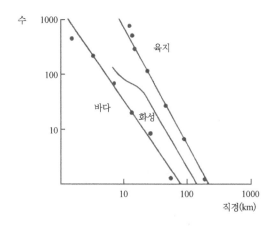

〈그림 35〉 화성의 크레이터와 달의 크레이터

어떤 크기 이상의 직경을 갖는 크레이터의 수를 세어 그 단위면적당 수를 계산한다. 이렇게 계산된 수를 세로축으로 잡고 가로축에 크레이터의 직경을 잡은 그림을 그려보면 〈그림 35〉에 표시된 것 같이 달의 크레이터와 같은 경향을 나타낸다. 즉 직선의 기울기가 거의 같다. 이것은 화성의 크레이터가 생긴 과정이 달의 크레이터가 생긴 과정과 같다는 것을 나타낸다.

달의 크레이터의 대부분이 운석의 충돌로 생긴 것이라는 것은 거의 확실하다. 따라서 화성의 크레이터도 운석으로 만들어진 것이다.

직선의 기울기는 대강 같지만 직경이 같은 크레이터의 단위당 수는 화성에서 달의 육지와 바다에서의 중간이 된다. 달의 육지 부분에서 크레이터의 수가 많은 것은 달의 육지가 바다보다도 오래됐기 때문이라고 생각된다.

그렇다고 하면 화성의 표면은 달의 육지와 바다의 중간 정도로 오래된 것이다. 이 결과에 입각해 어떤 사람들은 화성의 표면에는 20억 년보다 더욱 오래된 크레이터까지 없어지지 않고 남아 있다고 결론지었다.

그러나 여기서 주의해야 할 일이 있다. 그것은 운석이 온다고 생각되는 화성과 목성 사이의 소행성대가 화성의 바로 근처에 있다는 것이다. 따라서 지구와 달에 비해 화성에는 보다 많은 운석이 몰려왔으리라고 생각된다.

그럼에도 불구하고 화성 표면에서의 크레이터 수가 이 정도인 것은 침식으로 오래된 크레이터가 깎여 지워졌기 때문일지도 모른다. 어떤 사람들은 현재 화성의 표면에서 보이는 크레이터는 각각 4, 5억 년 사이에 만들어진 것뿐이라고 생각한다. 이러한 점을 고려해서 **행성침식학**(行星侵蝕學)이라고나 할 만한 학문이 싹트고 있다.

잘 조사해보면 화성의 크레이터에는 침식의 흔적이 보인다. 매리너 4호가 찍은 크레이터 중 가장 큰 크레이터의 직경은 120km였다.

이 최대 크레이터의 벽이 반밖에 보이지 않는다. 월면에서도 흔히 발견되듯이 벽 부분에, 나중에 운석이 떨어져 벽이 허물어진 흔적도 보이지 않는다. 무엇인가가 크레이터 벽을 침식하고 있는 중이다. 그 매몰은 밝은 사막에 있는 크레이터일수록 현저하고, 고원에 있는 크레이터는 그다지 현저하지 않다. 이것은 크레이터의 내부를 메우고 있는 것이 티끌이라는 것을 암시하고 있다. 낮은 사막 부분에 있는 크레이터는 바람에 불려오는 티끌의 공격에 드러나 있는 것이다.

표면은 빨간 녹인가?

어떤 사람은 화성이 빨갛게 보이는 것은 그 표면이 빨갛게 녹슬어 있기 때문이라고 생각하고 있다. 실제 지구상에 있는 물질 중에서 화성에서 반사돼 오는 일광과 가장 비슷한 변화를 보이는 것은 갈철석(褐鐵石)이며 이것이야말로 빨간 녹임에 틀림없다. 이 생각과 화성의 대기 중에 산소가 없고, 화성이 자기장을 갖지 않는다는 사실을 합쳐보면 다음과 같은 생각을 할 수 있다.

지구와 달리 화성에서는 철이 중심부에 가라앉지 않았다. 한편 화성의 내부에서 나온 수증기는 태양의 자외선으로 수소와 산소로 분해됐다. 이 중 수소는 곧 화성에서 사라져버렸다. 그리고 남은 산소가 중심부로 가라앉지 않는 철과 화합해 빨간 녹을 만들었다. 이렇게 화성 대기에서는 산소가 없어졌다.

한편 철이 중심부로 가라앉지 않았기 때문에 화성은 핵을 갖지 않는다. 화성이 자기장을 갖지 않는 것은 이 때문이다.

이 생각을 검토하는 데는 화성의 평균 비중을 정밀하게 측정하는 것이 가장 중요할 것이다. 화성의 반경이 확실치 않기 때문에 화성의 평균비중은 어림잡아 3.84와 4.21 사이다. 그 값이 정확히 얼마나 되는가에 따라 화성이 핵을 갖고 있는지 어떠한지 확실하게 말할 수 있다.

여러 가지 사실들로 보아 화성은 지구와 달의 중간 상태에 있다. 거기다 너무나 달에 가까운 성질을 갖고 있다. 화성은 거의 대기를 갖고 있지 않으며, 그 표면에는 거의 침식의 흔적이 발견되지 않을 뿐만 아니라, 자기장을 갖고 있지 않으며 아마 핵도 갖고 있을 것이다. 화성이 이러한 특징을 나타내는 원인 중에서 가장 두드러진 것이 그의 크기다.

즉 화성이 크기가 작고, 따라서 표면에서의 중력 값도 작다는 것이 화성과 지구의 차이다. 중력이 작기 때문에 대기가 도망갔고, 그 때문에 침식이 그다지 일어나지 않았다. 또 무거운 철이 화성의 중심에 정착해 핵을 만들지 않은 것도, 그 일부는 화성의 중력이 작은 것에 기인하는 것으로 생각된다.

〈달〉

달의 호적

지구에서 달까지의 거리는 38만km, 달이 지구 주위를 도는 타원궤도(楕圓軌道)의 장축 반경은 384,400km, 짧은 쪽의 반경은 383,800km다.

달이 둥근 보름달이 되는 주기는 29.5일, 달이 지구의 주위를 도는 공전주기는 27.3일이다. 자전주기는 공전주기와 같이 27.3일로서 그 때문에 달은 우리에게 한쪽만을 보인다. 또 달은 2주간이나 낮과 밤이 계속된다.

달의 반경, 질량, 평균비중, 표면에서의 중력가속도(重力加速度)의 값, 중심부에서의 압력은 각각 1,738km, 7.35×10^{25}g, 3.34, 161cm²/sec, 46,000기압이다. 이것을 지구에서의 값과 비교하면 각각 약 1/4, 약 1/80, 약 60%, 약 1/4, 약 1/90이다.

달은 남북으로 일그러진 모양을 하고 있으며 적도 부분의 반경은 극 부분의 반경보다도 1km 길다. 또한 지구를 향한 쪽과 반대쪽에 삐쭉 내민 '코'를 갖고 있다. 그 코의 높이도 약 1km다.

달은 대기가 거의 없다. 그 주된 이유는 중력이 작기 때문이라고 생각된다.

인력을 뿌리치고 도망가는 데 필요한 탈출속도가 지구에서는 초석 11.2km인데 비해 달에서는 2.4km에 지나지 않는다. 따라서 달이 가령 대기를 갖고 있었다고 해도 가벼운 기체부터 점점 빠져나가 곧 대기가 전혀 없는 상태가 될 것이다.

그러나 이렇게 달에 대기가 없는 것은 달의 지질학적인 역사를 간단한 것으로 유도하고 있다. 즉 공기와 물이 없기 때문에 풍화나 침식이 일어나지 않아, 달 표면은 지난날 달에서 일어났던 지질학적인 역사를 모두 간직하고 있는 것이다.

달은 태양으로부터 받은 빛의 93%를 흡수하고 나머지 7%는 반사한다. 달의 스펙트럼을 보면 태양의 스펙트럼과 매우 비슷하다. 이것은 달이 태양으로부터 받은 빛을 그대로 반사하고 있음을 나타내는 것이다. 그러나 잘 보면 특히 적외선 부분에서 달 자체에 기인한 것으로 생각되는 복사가 보인다. 이 복사를 관측해 달의 온도를 측정할 수 있다.

이렇게 측정된 온도는 달 표면에서 한낮에 약 120℃, 해질 무렵에 -10℃, 밤에는 -80℃다. 이렇게 온도 변화의 폭이 큰 것은 달 표면이 열을 전달하기 어려운 절연체로 돼 있다는 것을 말해 준다. 만약 달의 표면이 열을 전달하기 쉬운 물질로 돼 있다고 하면, 열은 깊은 부분으로 스며들어가거나 깊은 부분에서 나와 표면이 이렇게 급격한 온도 변화를 나타내는 일은 없을 것이다.

달의 표면 물질

달의 표면을 덮고 있는 물질은 열절연체다.

이 밖에도 달 표면을 둘러싼 물질은 여러 가지 특징을 가지고 있다.

예를 들어 빛이 달 표면에 대해 어떠한 방향으로부터 왔다고 할지라도 온 방향으로 가장 강한 반사를 되풀이한다는 성질이 있다. 이 때문에 달이 만월 때 두드러지게 밝게 보이는 것이다.

그리고 달빛은 만월 때는 편광(偏光: 진행 방향에 수직한 임의의 평면에서 전기장의 방향이 일정한 빛)하지 않으나 그 이외에는 일반적으로 약간 편광한다. 그렇지만 이 편광의 정도는 매우 작아서 가장 클 때에도 8% 정도에 지나지 않는다. 만월에 가까울 때에는 편광면이 태양과 지구와 달을 포함하는 면에 평행이지만, 반월 전후에는 편광면이 그것에 수직이다. 이렇게 특수한 성질을 갖는 물질로는 먼지와 같이 미세한 알갱이가 생각된다. 달이 두꺼운 먼지 층으로 덮여 있다고 하는 생각이 지난날 강력히 주장된 것은 이 때문이다.

그러나 달의 연착륙 때 실시된 실험과 그때 찍은 사진을 보고, 달 표면의 그러한 두꺼운 먼지 층으로 덮여 있지는 않다는 것을 알았다. 현재에는 달 표면은 다공성(多孔性) 물질로 덮여 있다고 생각한다.

이러한 물질을 지구의 실험실에서 만드는 데는 녹은 용암을 담은 용기를 급격히 진공으로 만들면 된다. 그렇게 하면 직경 수mm에서 수cm에 달하는 많은 기포(氣泡)를 포함한, 비중이 1보다 작은 다공성 물질이 얻어진다.

〈그림 36〉 루나 9호가 찍은 달의 표면

이것을 방사선에 쪼여 약간 검게 만들면 그 결과는 루나 9호가 연착륙

할 때 찍은 달 표면의 암석과 매우 비슷한 것이 된다. 또 이 다공성 물질은 열의 절연이나 빛의 반사 방법이나 빛의 편의라는 면에서도 달 표면의 물질과 아주 비슷한 특징을 갖고 있다(그림 36).

내부로부터의 열과 자기장

달의 내부에서 표면으로 어느 정도의 열량이 나오는가 하는 것은 다음과 같은 방법으로 측정된다. 즉 파장이 다른 전자기파를 사용해 달 표면의 온도를 측정한다. 파장이 짧은 전자기파, 예를 들어 적외선은 달 표면에서 온다. 이에 대해 파장이 긴 전자기파는 내부에서 온다. 이를테면 파장 168cm의 라디오파는 달의 내부의 25m 정도의 깊이에서 온다. 따라서 앞에서 말한 것 같은 관측을 하면 달 표면 가까이에서의 온도구배(溫度勾配)가 측정된다.

이렇게 측정된 달 내부에서의 열 흐름의 크기는 달 표면의 1cm²당, 1초에 1/100만cal로 측정해 0.02 내지 0.24 정도였다. 지구 내부에서 표면으로 나오는 열량은 같은 단위로 측정해 1.5 정도다. 또 달이 콘드라이트 물질의 균일한 집합체라고 생각해 달 내부에서 표면으로 오는 열량을 계산하면 0.23 정도가 된다. 이것은 관측 값의 상한인 0.24와 아주 가깝다.

달은 자기장을 갖고 있지 않다. 지구와 달라서 달은 유체핵(流体核)을 갖고 있지 않기 때문에 자기장의 다이나모 이론의 입장으로서 이것은 대단히 이해하기 쉬운 결과다.

인공위성으로 달의 내부 온도를 측정한다

달의 내부 온도에 대해서는 거의 아무것도 모르고 있다. 그러나 최근 이 방면에 큰 진보가 있었다. 이야기는 뜻밖의 것에서 유도됐다. 태양에서 태양풍(太陽風)이라는 플라즈마의 흐름이 온다. 플라즈마란 소수의 원자핵인 양성자와 전자가 같은 수만큼 모여서 전기적으로 중성을 띤 것이다.

이 태양풍은 지구를 통과해 달 주변에서 더욱 그 앞까지 뻗어 있다. 달 주변에서의 태양풍 속도는 초속 300km 정도다. 이 태양풍을 타고 전자기장의 변화가 이동해 온다. 그리고 달 부근에서의 이 전자기장의 변화가 달을 에워싼 인공위성으로 관측된다.

인공위성은 어떤 시각에는 달의 대해 태양과 같은 쪽에 오고, 또 어떤 시각에는 달에 대해 태양과 반대쪽에 온다. 즉 인공위성이 달의 그림자에 가리는 수가 있다. 그런데 이런 경우에도 태양풍에 따른 자기장의 변화는 우주 공간을 빠져나가는 것과 같은 정도로 용이하게, 또한 재빨리 달의 내부를 빠져나갈 수 있는 것이다.

만약 달이 전기를 쉽게 통과시키는 전도체라면 이러한 일은 일어날 수 없다. 일반적으로 주기가 짧은 전자기장의 변동은 도체의 표면 부분에 한정되고 내부로 스며들어갈 수가 없기 때문이다. 전자기장의 변화가 도체의 내부로 스며들어가는 깊이는 전자기장의 변화의 주기가 짧을수록, 그리고 전기전도도가 클수록 얕아진다. 이러한 관계를 이용해 달의 평균적인 전기전도도의 값이 추정된다. 그리고 이 전기전도도의 값에서 달의 내부 온도가 추정되는 것이다.

그렇게 하기 위해서는 태양풍에 따른 전자기장의 변동주기가 알려져야 한다. 이 주기는 다음과 같이 추정된다. 달 주변에서의 태양풍의 속도는 초속 300km다. 이 속도로 달의 직경 3,500km와 같은 거리를 지나는 데는 10초 정도의 시간이 걸린다. 이것을 전자기장의 대표적인 주기라고 생각하기로 한다.

어쨌든 이렇게 추정한 달의 평균적인 전기전도도는 mho/m이라는 단위로 측정하면 10^{-5} 정도다. 이것은 건조한 암석과 같은 정도의 전기전도도다. 그런데 물질의 전기전도도는 온도에 따라 크게 영향을 받는다. 예를 들어 감람암의 전기전도도와 온도의 관계는 실험실에서 실험으로 결정된다.

따라서 달이 감람암으로 구성돼 있다고 생각해 달 내부의 평균 온도를 추정할 수 있다. 이렇게 추정한 달의 평균온도는 700℃ 정도다. 즉 달은 전체적으로는 매우 저온이라는 것이다.

달의 열적 역사

달이 끈적끈적하게 녹은 액체와 같은 물렁한 물질로 돼 있다고 하고, 그 자전으로 적도 부분의 반경이 극 부분의 반경보다 어느 정도 길어지는지를 계산해보면, 50m라고 하는 답이 나온다. 그런데 앞에서 설명한 바와 같이 실제로 부푼 정도는 1km에 달한다. 이러한 타원형을 이루는 것은 달이 단단하고, 따라서 그 내부가 저온이라는 것을 의미한다. 그리고 이 결과는 앞에서 말한 플라즈마 풍(風)에서 얻은 결과와 조화를 이룬다.

그런데 달이 일정한 콘드라이트 물질로 됐고, 45억 년 전에 0℃라는 일정한 온도에서 출발했다고 가정해, 현재의 달 내부에서의 온도를 측정해보면 수백km보다 깊은 곳에서는 1,800℃ 정도의 온도가 된다. 이러한 고온에서는 달 내부의 대부분이 녹아버려 달은 물렁한 물질과 같이 될 것이다. 이것은 앞에서 얻은 두 가지 결과와 모순이 된다.

이 모순을 해결하는 하나의 방법은 달이 콘드라이트 물질만큼 방사성 물질을 많이 함유하지 않는다고 생각하는 것이다. 또 하나의 방법은 달 역사의 초기에 녹는점이 낮은 암석 성분이 녹아 상부로 운반될 때, 방사성 물질도 그와 함께 이동했다고 생각하는 것이다. 이 경우에는 달 내부에서는 열원(熱源)이 없어지기 때문에 내부의 온도는 그만큼 높아지지 않을 것이다. 지구의 지각이 만들어진 것과 같은 과정을 생각하면 된다.

달의 바다

한편 녹아서 상부로 운반된 녹는점이 낮은 암석 성분은 어떻게 됐을까. 달 표면은 바다라고 불리는 검게 보이는 부분과 육지라고 불리는 하얗게 보이는 부분으로 구분된다. 우리는 이 달의 바다를 메우고 있는 검게 보이는 물질이 달의 내부에서 넘쳐 나온 녹는점이 낮은 암석 성분이라고 생각한다.

이렇게 생각하는 첫째 이유는 달의 바다가 지형적으로 낮은 부분을 차지하고 있다는 사실이다. 이것은 용암이 달의 내부로부터 넘쳐흘러, 그당시 달 표면에 있었던 요지(凹地)를 메웠다고 생각하면 잘 이해된다. 요지가 있어도 그 부분에 용암이 넘쳐흐르지 않으면 요지에 바다 물질이 고이지 않는다. 확실히 바다가 만들어지기 전에 형성됐다고 생각되는 달의 크레이터 몇 군데에서 바다 물질이 발견되지 않는 것은 이 때문일 것이다.

달 표면에서 가장 볼만한 것은 크고 작은 수만 개의 크레이터다. 이것의 생성 요인에 대해서는 예부터 운석설과 화산설이 서로 팽팽히 맞서고 있다. 그러나 크레이터의 대부분이 운석으로 만들어졌다고 생각되는 여러 가지 이유가 있다. 가령 달의 크레이터의 대부분이 운석의 충돌로 만들어진 것이라고 하면 달의 바다가 달 표면에서 가장 오래된 것이 아니고, 달 역사의 어느 시대에 만들어진 것이라는 것을 알 수 있다.

그것은 달의 바다 부분의 단위면적당 크레이터 수가 육지 부분에서의 1/20 정도밖에 되지 않기 때문이다. 가령 운석이 옛날이나 지금도 같은 비율로 달 표면에 충돌했다고 하면 달의 바다의 나이는 육지의 나이의 1/20이라는 것으로 될 것이다.

달의 역사 지질학

그러나 달의 바다가 달의 역사의 어떤 시대에 내부에서 흘러나온 용암으로 메워져 있다는 가장 좋은 증거로 되는 것은 달의 역사 지질학(月史學)이다. 역사 지질학의 기본법칙은 기질학에서는 '누중(累重)의 법칙'이라 불리는 것이다.

이 법칙에서는 위에 있는 것이 아래에 있는 것보다 연대로 보아 새로운 것이라고 생각한다. 아래에 있는 것이 없으면 그 위로 위에 있는 것이

놓일 수 없으므로 이 법칙은 실로 지당한 법칙이다. 이 법칙을 이용해 달 지질의 새롭고 오래된 순서를 세우려는 것이 달의 역사 지질학(월사학)이다.

지구의 지질학에서 고생대, 중생대, 신생대로 시대 구분을 하듯이 달의 역사 지질학에서도 다음과 같이 시대 구분을 한다. 오래된 것부터 전(前)인브리움대(代), 인브리움대, 프로셀라룸대, 에라토스테네스대, 코페르니쿠스대가 된다.

전 인브리움대에는 달 표면의 가장 오래된 지형이 만들어졌다. 현재 전 인브리움대의 지층이 발견되는 것은 달의 남극 근처 산이 많은 부분이다. 다음 인브리움대에는 아페닌산맥과 바다가 형성되기 전에 만들어져 뒤에 바다 물질로 채워진 아르키메데스 크레이터 등이 형성된 시기다.

프라셀라룸대에는 바다가 형성됐다. 이어 에라토스테네스대는 바다가 형성된 바로 다음 시기로 에라토스테네스 크레이터로 대표된다. 이 크레이터는 비슷하지만 그 가지 부분은 이미 없어져버렸다. 코페르니쿠스대는 코페르니쿠스와 같은 가지를 갖는 크레이터가 만들어진 새로운 시기다.

이렇게 누중의 법칙을 이용해 달의 자질에 새롭고 오래된 순서가 세워지고, 게다가 바다의 형성이 이러한 역사의 중엽에 이루어졌다는 사실이야말로 바다가 내부에서 흘러나온 용암으로 메워져 있다는 것을 더욱 명확히 말해주는 것이다(그림 37).

〈그림 37〉달의 바다는 지구의 데칸 고원과 같이 내부에서 넘쳐흐른 용암으로 메워져 있다?

달의 화학분석

1967년 9월 11일 서베이어 5호가 고요의 바다 남부에 연착륙해 달 표면의 화학분석을 했다. 이 화학분석 장치는 소량의 인공방사성원소 퀴륨을 가지고 있어 그것을 방출하는 α입자를 달 표면에 닿게 한다. 그리고 달 표면에서 되돌아오는 α입자와 이 α입자가 닿는 물질에서 방출된 양성자를 측정한다. 이 측정으로 달 표면에 두께 2 내지 3미크론 정도의 얇은 층의 원자 구성성분이 규명됐다.

화학분석의 결과에 의하면 가장 다량인 것이 산소로서 58원자 퍼센트(원자 100개 중 산소원자가 58개)다. 다음으로 규소 18.5%, 알루미늄 6.5%, 마그네슘 3%, 철, 코발트, 니켈을 합한 것이 3% 이상이라고 보고되고 있다. 이것은 지구에서의 현무암과 비슷한 화학구성성분이다. 달의 내부에서 분출한 녹는점이 낮은 암석 성분으로서는 현무암이 제일 먼저 생각되기 때문에 이 결과도 또한 달의 바다는 달의 내부에서 흘러나온 용암으로 메워져 있다는 것과 잘 조화된다.

달의 바다를 메우고 있는 용암과 비슷한 것을 지구상에서 찾는다고 하면 인도의 데칸 고원을 이루고 있는 대지(台地)용암 등이 그 후보자로 될 것이다. 이 대지는 150만km²가 넘는 넓이를 차지하고, 용암의 두께는 3km에 달한다. 달의 바다도 대개 이 정도의 넓이와 두께를 나타낸다.

달의 와지

달의 바다는 내부에서 흘러나온 용암으로 메워져 있다고 해도 이러한 용암을 받아들인 원래의 와지는 어떻게 생긴 것일까. 우리는 이러한 와지도 또한 운석의 충돌로 생겼다고 생각한다.

실제 달의 바다의 와지를 만드는 데 어느 정도로 큰 운석이 달에 충돌하면 되는지 계산해보면, 운석의 반경이 수십km라는 결과가 나온다. 작은 소행성이 날아왔다는 정도다. 그다지 이상한 이야기처럼 생각되지 않는다. 이 이야기와 관련해 흥미 있는 것은 최근에 발표된 루나오비터에 의한 달의 중력장(重力場)에 대한 관측 결과다. 그에 따르면 '비의 바다'와 같은 동그란 형상의 바다 밑에는 반드시 철의 구(球)와 같은 무거운 것이 묻혀 있다고 한다. '비의 바다' 밑에 있는 구의 직경은 100km 정도인 듯하다. 이것은 '비의 바다'의 와지를 만든 운석이 지금도 달 내부에 파묻혀 있다는 것을 의미하는 것은 아닐까.

또 한 가지 최근에는 혜성(彗星)이 달의 바다의 와지를 만든 것은 아닌가 하는 생각도 나왔다. 혜성의 머리는 응결된 탄화수소나 과산화수소와 같은 불안정한 화합물이 섞인 것이다. 이것이 달 표면에 충돌하면 고성능 폭탄과 같이 일시에 화학적 에너지가 방출된다. 이 에너지의 일부분은 열로 변해 주위의 달 표면을 순식간에 고온의 기체로 변화시킨다. 이렇게 달의 바다의 와지가 생겼을지도 모른다.

달의 육지

이렇게 달의 바다의 와지가 운석의 충돌로 생긴 것이고 그 와지를 메우고 있는 물질은 달의 내부에서 흘러나온 현무암과 같은 용암이라는 것이 거의 확실하다(그림 38).

그런데 달의 표면에는 검게 보이는 바다에 반해 하얗게 보이는 육지 부분이 있다. 이 달의 육지는 무엇으로 이루어져 있는 것일까.

하얗게 보이기 때문에 달의 육지는 화강암으로 됐다고 생각하는 사람이 있다. 지구의 바다 부분 지각은 적어도 그 상부는 화강암으로 돼 있다. 따라서 달의 육지의 화강암설은 그럴듯하다.

이것과 관련돼 다음과 같은 사실이 있다. 티코 크레이터 가까이 착륙한 서베이어 9호는 그 주위의 표층의 화학물질을 분석했다. 이 주위는 달의 육지에 속하며 그런 뜻에서 화학분석의 결과가 주목된다. 화학분석에 이용된 방법은 서베이어 5호, 7호 및 8호가 달의 바다의 화학물질 분석에 이용했던 α입자를 이용한 것이다.

1968년 5월에 일본 도쿄(東京)에서 열린 국제우주공간연구위원회(國際宇宙空間研究委員會) 제11회 회의에서 미국항공우주국의 터커위치 박사가 발표한 것에 의하면 티코 크레이터에서의 분석 결과는 바다에서의 값에 비해 철이 적고 칼슘이 약간 많다고 한다. 이것은 달의 육지가 지구상의 육지와 같이 화강암으로 돼 있다고 하는 생각을 지지하는 것일지도 모른다.

<그림 38> 달의 바다와 육지

화강암인가, 운석인가

그러나 또 한 가지 생각이 있다. 그 옛날 티끌이 모여 행성이나 달이 만들어졌다고 하는 것이 현대의 행성관(行星觀)이다. 이것에 대해선 지금까지 반복해서 설명했다. 이 생각에 따른 달의 열적 역사에 관해서도 앞에서 말했다. 그것에 의하면 티끌이 모여 만들어진 달의 내부에서 녹기 쉬운 성분이 녹아 표면으로 흘러나와 오목하게 파인 부분을 메운 것이 달의 바다다.

이러한 의미에서 달의 바다는 오히려 지구의 육지와 비슷하다. 그리고 달의 육지는 달이 만들어진 당시 상태를 그대로 간직하고 있는 부분이라는 것이 된다. 이 생각이 맞는다고 하면 달의 육지는 화강암보다 오히려 원래의 티끌이 모인 운석과 비슷할 것이다. 지구상에서는 침식과 풍화로 이러한 원래의 특징이 거의 소멸됐다. 또 달의 바다의 역사 중 어떤 시대에 내부에서 흘러나온 용암이 원래 표면이 뒤덮여 있는 것이다.

이러한 생각을 지지하는 관측사실이 없는 것은 아니다. 1966년 9월 14일에 발표된 소련의 자동(自動)스테이션인 루나 9호, 10호의 관측 결과다. 이 스테이션은 달의 주위를 돌면서 월면 각 부분의 γ선의 평균 강도를 측정했다. 즉 월면의 방사능을 측정한 것이다. 그 결과에 의하면 달의 바다에서 γ선의 평균 강도는 현무암의 강도와 거의 일치하고 달의 육지에서의 강도는 운석의 강도와 거의 일치한다.

이 관측의 정밀도에 대해서는 몇 가지 의문이 남아 있다. 그러나 그렇다고 해도 화강암의 방사능과 운석의 방사능을 분간 못할 정도로 정밀도가 떨어지는 측정이라고도 생각할 수 없다. 어쨌든 현무암의 방사능을 1로 하면 화강암은 5, 운석은 1/100 정도이기 때문이다. 하여튼 달의 육지의 화학성분을 조사하는 것은 현대의 행성과 달의 생성에 대한 생각을 점검하는 가장 손쉬운 방법이다.

〈목성〉

수소의 덩어리

목성의 반경은 지구의 11.2배, 질량은 지구의 318배다. 이것은 대단한 질량으로 목성 이외의 다른 행성을 전부 합한 것의 2배 정도다. 공전주기는 11.9년이고, 자전주기는 9.8시간이다. 즉 목성은 큰 데 비해 매우 빨리 자전한다.

목성은 전부 12개의 위성을 갖고 있다. 그중 안쪽의 8개는 목성의 자전과 같은 방향으로 공전하고 있다. 이에 대해 바깥쪽의 4개는 목성의 자전 방향과 반대로 공전한다. 목성의 위성 중에서 가장 큰 4개는 갈릴레오가 최초로 발견한 것이다. 그 반경과 이름을 열거하면 가니메데(2,519km), 칼리스토(2,330), 이오(1,625), 유로파(1,440)다.

행성 중에서 가장 작은 수성의 반경은 2,440km이기 때문에 가니메데는 그보다 큰 것이다. 이에 대해 반대 방향으로 자전하는 4개를 포함하는 외측 5개 위성의 반경은 8km도 되지 않는다. 또 그 궤도도 불안정하다. 이것들은 원래 화성과 목성 사이에 있는 소행성대에 있던 것인데 목성의 인력에 끌려 위성이 된 것이 아닐까 하는 생각도 한다.

목성의 평균 비중은 1.33이다. 이로부터 목성 중심부의 압력을 계산하면 지구의 약 5배인 2,000만기압이다. 이렇게 큰 압력하에서 앞에서 말한 정도의 작은 밀도를 갖고 있을 수 있는 물질은 가장 가벼운 원소인 수소밖에 생각할 수 없다. 0℃, 1기압의 표준 상태하에서 22.4ℓ의 수소 기체 무게는 2g에 지나지 않는다.

그러나 이렇게 가벼운 수소도 앞에서 말한 정도의 압력까지 압축하면 앞에서 말한 정도의 비중이 된다. 실제로 계산해보면, 두 번째로 가벼운 원소 헬륨을 10% 정도의 수소에 섞으면 목성과 거의 같은 정도의 비중이 얻어지는 것을 알 수 있다.

항성에 가까운 목성

우주 전체의 평균을 취하면 수소와 헬륨이 압도적으로 많은 원소다. 태양과 같은 항성과 성간물질(星間物質)은 그 대부분이 수소와 헬륨이다. 이런 뜻에서 목성은 행성이라기보다 항성에 가깝다고 할 수 있다(그림 39).

실제로 분광기로 측정해보아도 목성의 대기에는 수소와 헬륨이 압도적으로 많고 여기에 암모니아와 메탄이 있고, 또한 수증기도 있을 것이라고 한다. 이에 대해 지구 대기의 주성분인 질소와 산소는 목성의 대기에서는 발견되지 않는다.

대기에서만이 아니라 목성 본체인 고체 부분도 고체수소로 돼 있다. 단 목성이 확실한 고체 표면을 갖고 있는지는 모른다. 수소를 100만기압 이상으로 압축하면 전자가 원자핵에서 떨어져 나와 밀도가 눈에 뜨이게 증가한다. 그와 동시에 전도체인 금속과 같은 상태가 된다. 뒤에서도 설명하겠지만 목성은 자기장을 갖고 있다. 목성의 중심부에 있는 핵이 전기의 양도체라는 것이 그 큰 원인일 것이다.

목성과 달리 지구, 금성, 화성의 대기는 수소와 헬륨을 그다지 함유하지 않고 있다. 그 원인으로서는 이들 행성의 중력이 작아, 이들 가벼운 가스를 끌어당길 수 없다는 것과 또 한 가지 이들 행성의 역사 초엽에 태양의 폭발로 가벼운 기체가 날아가버렸다는 것을 생각할 수 있다.

이 두 가지 생각 중 후자가 전자보다 나은 것 같이 생각된다. 시험 삼아

〈그림 39〉 목성은 태양과 같은 항성?

지구 표면에서의 중력의 값을 1로 하고 수성, 금성, 화성, 목성, 토성, 천왕성, 해왕성의 표면에서의 중력 값을 계산해보자. 각각 0.37, 0.89, 0.38, 2.43, 0.97, 0.90, 1.50이다. 즉 목성 이외에는 다소의 차이가 있어도 그다지 큰 차이는 보이지 않는다. 수소와 헬륨을 많이 함유하는 토성과 천왕성의 표면에서 중력은 지구 표면에서의 중력보다 오히려 작다.

대적점의 수수께끼

목성의 대기에는 특징적인 줄무늬가 보인다. 즉 목성의 전 표면이 적도에 나란한 10개 정도의 띠로 구획되고, 각 띠마다 명암을 달리한다. 이러한 띠가 생기는 것을 지구에서 무역풍대(貿易風帶)와 편서풍대(偏西風帶)가 생기는 것과 같은 이유일 것이다. 즉 태양열과 행성의 자전이 그 원인이다.

목성의 줄무늬의 움직임을 조사하면 그 자전 상태를 조사할 수 있다. 이 연구 결과 목성의 적도 부근은 다른 부분보다 빨리 운동하고 있다. 그때문에 이 부분의 자전주기는 다른 부분보다도 5분 정도 짧다. 태양에서도 같은 현상이 관측돼 **적도가속**(赤道加速)이라 불린다.

목성의 밝은 띠 중에서 보이는 구름은 암모니아의 결정으로 돼 있고, 그 밑에는 차차 액체 암모니아 입자, 얼음, 물방울로 된 구름이 있다고 생각하고 있다. 그리고 이 구름 한가운데 목성면에서 가장 볼만한 대적점(大赤点)이 있다(그림 40).

대적점은 목성의 남반구에 있으며 동서 방향으로 4만km, 남북 방향으로 13,000km 정도 퍼져 있다. 대적점은 그 이름과 같이 빨간 색을 띠고 있다. 그러나 그 색은 때에 따라 변하고, 때로는 수년간 모습이 사라져버리기도 한다. 그 주위의 부분에 비해 움직임이 느려 1시간에 7km만큼 뒤에 처진다.

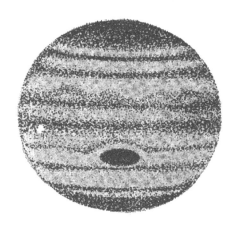

〈그림 40〉 목성의 대적점

이러한 대적점이 어떻게 생긴 것인지 옛날부터 많은 의론(議論)이 있었다. 화산의 폭발 때문이라는 설과, 목성의 새로운 위성의 탄생 중이라는 설 따위도 있었다.

현재 가장 널리 받아들여지고 있는 것은 케임브리지 대학에 메사추세스 공과대학으로 옮겨간 레이먼드 하이드에 의한 다음과 같은 설(說)이다.

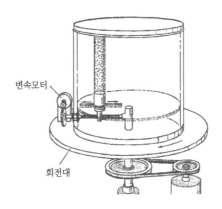

변속모터

회전대

〈그림 41〉 테일러 기둥

그에 따르면, 이 대적점은 목성의 고체 부분 표면에 있는 지형적인 기복으로 인한 기체 기둥이라고 한다. 이 기둥은 목성의 고체 표면에서 대기를 통과해 솟아 있고, 우리가 보는 것은 그 끝부분에 가까운 원형 또는 타원형의 단면이다. 기체와 같은 유체(流体)가 축 주위를 자전하면 가늘고 긴 안정된 유체 기둥이 생긴다. 유체역학(流体力學)에서는 이것을 **테일러 기둥**이라고 한다. 테일러는 하이드의 케임브리지 대학의 은사였던 유명한 G. I 테일러의 이름을 따서 지은 것이다(그림 41).

대적점이 왜 빨갛게 보이는지는 적색 유기화합물 때문이라는 설이 유력하다.

목성의 대기 자체는 무색이기 때문이다. 만약 그렇다고 하면, 대적점은 목성에 생명의 가능성이 있다는 것을 암시하는 것이다.

목성전파와 자기장

목성의 또 한 가지 뚜렷한 특징은, 강력한 전파를 내고 있다는 것이다. 목성전파가 발견된 것은 1955년이다. 전파가 너무 강력하기 때문에 처음에는 지상의 전파방해에 의한 것으로 생각됐다. 그러나 시간이 지나도 전파방해가 없어지지 않았다. 바로 그 무렵 머리 위에서 반짝이고 있던 목성이 이 전파의 원인이라는 것을 알기까지는 수개월이 걸렸다.

이윽고 이 전파가 목성에서 오고 있다는 것을 알았다. 더욱 연구를 거듭해보면 전파를 발하고 있는 영역이 목성 직경의 3배 반이나 된다는 것을 알았다. 이것은 지구의 반알렌대와 같은 방사능대가 이 범위에 퍼져 있는 것을 나타내는 것이다. 이러한 방사능대는 태양에서 튀어나온 전기를 띤 입자가 행성의 자기장에 잡혀 생기는 것이다. 따라서 목성이 자기장을 가지고 있다는 것이 확실해졌다.

방사능대의 범위 안에서 측정된 목성의 자기장축은 자전축과 9° 정도 기울어져 있다. 이 점에서도 목성의 자기장은 지구의 자기장과 비슷하다. 목성이 자기장을 가지고 있는 원인의 하나로는 자전주기가 10시간도 되지 않는 짧은 시간이라는 것을 들 수 있다. 지구에서는 반알렌대에 있는 고속도의 전기를 띤 입자가 종종 반알렌대에서 떨어져 나와 지자기극(地磁氣極) 근처의 대기에 충돌한다. 이렇게 아름다운 오로라가 생기는 것이다. 비슷한 일이 목성의 반알렌대와 목성 대기의 정상 사이에서 일어나고 있는 듯하다. 그 증거로 목성에서 때때로 매우 강력한 전파폭풍이 오는 것이다.

이상 설명한 것 같이 목성은 지구와는 전혀 다른 형의 행성이다. 지구, 금성, 화성, 달 및 수성의 평균비중은 3 내지 5 정도다. 이들은 모두 대부분이 지구와 같은 암석, 즉 규산염으로 형성돼 있다고 생각된다. 이에 대해 목성은 수소로 형성돼 있다. 이렇게 전혀 다른 목성과 지구가 모두 자기장을 갖고 있다는 것은 흥미 있는 일이라 해도 될 것이다.

역자 후기

인류는 지능의 발달과 더불어 그들의 지구관(地球觀)도 많이 달라졌다. 동물적(動物的)인 지능을 갖고 있던 원시인들의 우주관(宇宙觀)은 자기 중심의 좁고 단순한 것이었다. 그러나 그들이 생각했던 지구는 오늘날 우리가 생각하는 것보다 더 넓을 수도 있다. 그리고 자연을 경모하는 마음도 그랬을 것이다.

역자는 유치원 시절, 지구는 끝없이 넓은 것이고, 바다 멀리 수평선 너머는 끝없는 낭떠러지라고 생각했던 것 같다. 초등학교에 들어와 콜럼버스 이야기를 듣고 비로소 둥근 지구를 알게 됐다. 대학에 들어갈 때까지만 해도 하느님이 창조할 수 있는 정도의 단순한 지구로만 생각했다. 그러나 대학에서 배운 지구의 진리(眞理)란 엄청난 것이었고, 지구과학(地球科學)의 한 분야를 전공한 사람으로서 무지를 깨닫게 됐다.

'등잔 밑이 어둡다'고 우리는 지구인(地球人)으로서 지구에 대해 무관심하고, 모르는 것 또한 많다. '지구란 무엇인가'라고 물을 때 우리는 어떻게 답할 수 있겠나.

역자는 이 책을 쓴 다케우치 히토시의 저서 『지구의 과학』 I, II를 번역한 바 있다. 그 책에서는 최근에 밝혀진 판구조론에 바탕을 둔 새로운 지구관(地球觀)을 소개했다. 그러나 가설이란 절대적인 진리는 아니다. 그리고 지구의 탄생이나 47억 년이라는 긴 지구의 역사를 이야기하는 데는 부족하다.

이 책은 지구를 이해하기 위해 지구의 형제라고 할 수 있는 행성이나 달과 비교하면서 그들의 탄생과 원시지구라고 생각되는 운석(隕石)에 관한 연구 결과와 서베이어, 매리너, 바이킹 로켓 등에서 얻어진 달, 금성, 화성의 탐사자료를 바탕으로 지구의 창세기(創世紀)의 역사를 우리에게 알려 준다. 역자는 지구가족(地球家族)과 함께 20세기 후반의 이러한 지구과학의 업적을 경탄해 마지않는 바다.

우리는 지구가족의 일원으로서 지구에 관한 지식을 얻어야겠다. 이 책의 내용은 다케우치 히토시 박사가 미국 로스앤젤레스 시민을 위한 교양강좌(教養講座)에서 강의한 내용을 받아적은 청중이 책을 묶어 연사(演士)에게 기념으로 준 것을 저자가 다시 편집한 것이다. 저자로서 흐뭇한 마음을 느꼈으리라 믿어진다. 우리에게도 이러한 모임이 바람직한 일이다.

이 책을 번역하는 사이에 『現代科學新書』가 100卷을 돌파했다는 소식을 들었다. 역자로서 다시 한 번 흐뭇한 마음이다. 電波科學社의 孫永壽 社長님과 韓明洙 主幹께 지구가족(地球家族)과 함께 감사드린다.

옮기는데 있어 원문을 살려 저자의 뜻을 그대로 표현하는데 유의했다.

따라서 문장의 구성이 어색한 곳이 많으리라 생각한다.

이 책을 읽어줄 지구가족 여러분께 감사드린다.

2월 11일 정월대보름

원종관, 전경숙